富春山居文化丛书

SONG
DYNASTY PAPER
OF FUYANG

夏斯斯　著

富春宋纸

杭州出版社

图书在版编目（CIP）数据

富春宋纸 / 夏斯斯著 . -- 杭州 : 杭州出版社，
2022.9
　（富春山居文化丛书）
　ISBN 978-7-5565-1788-6

Ⅰ.①富… Ⅱ.①夏… Ⅲ.①造纸工业—技术史—中
国—宋代 Ⅳ.① TS7-092

中国版本图书馆 CIP 数据核字（2022）第 085887 号

Fuchun Songzhi

富春宋纸

夏斯斯　著

责任编辑	李竹月	
装帧设计	张　瑜	
美术编辑	祁睿一	
责任校对	陈铭杰	
责任印务	姚　霖	
出版发行	杭州出版社（杭州市西湖文化广场32号6楼）	
	电话：0571-87997719　邮编：310014	
	网址：www.hzcbs.com	
排　　版	浙江时代出版服务有限公司	
印　　刷	浙江全能工艺美术印刷有限公司	
经　　销	新华书店	
开　　本	710 mm×1000 mm　1/16	
印　　张	14	
字　　数	138千	
版 印 次	2022年9月第1版　2022年9月第1次印刷	
书　　号	ISBN 978-7-5565-1788-6	
定　　价	58.00元	

序

一方山水育一方文化。以富春山、富春江为代表的富阳山山水水，秀美灵动，如歌似画，正是经典的江南山水。千百年来，在这里形成的富春山居文化，既包括富春山水，又涵盖富春人文，是富春大地上最为鲜明而独特的文化标识之一。

富春江有"澄江静似铺"之诗咏，富阳纸有"十件元书考进士"之谚赞，孙权、黄公望、郁达夫等历代名人成就"东吴多才俊"之美名，《富春山居图》被誉为"画中之兰亭"，富阳城"富裕阳光"，物华天宝，人杰地灵。历史与现实、山水与人文交相辉映。可以说，一条江，滋养一方人，催生一张纸，映照一幅画，繁荣一座城。

习近平总书记指出，文化自信"是一个国家、一个民族发展中最基本、最深沉、最持久的力量"①。富阳历来被认为是一个文化

———————

① 见《中共中央关于党的百年奋斗重大成就和历史经验的决议》。

1

富春宋纸

悠久、文脉深广、文运昌盛的地方。新时代，我们要进一步塑造城市的灵魂，提升城市的品质，激发城市的活力，推进全域文化繁荣、全民精神富有，努力将富阳打造成新时代文化高地上的强区。

一个时代的价值观念，根植于一个国家特有的历史文化中。富阳极为重视优秀传统文化的保护、传承和弘扬，做好"文化基因解码"，在厚植文化基因中凝聚精神力量，让富春历史文化融入现代生活，让富春山水人文交汇成现代宜居之地，让文化自信构筑起大家共有的精神家园。

因此，结合宋韵文化传承，富阳精心打造"钱塘江（富春江）诗路文化带"，让富春江更灵动，让元书纸更时尚，让《富春山居图》更现代，让地方文化名人更可亲，让这座城更美好，体现"诗画江南、活力浙江"的富阳韵味。

共同富裕既要有高质量的物质生活，也要有高品质的文化生活，要通过更加富足的精神文化生活提升共同富裕的成色。高质量发展建设共同富裕示范区，文化要先行；推进文化强省建设，打造新时代文化浙江，富阳要争先。

文化不能高高在上，应在街巷烟火里；文化不能艰深晦涩，要让群众觉得可亲可爱。这套丛书的编纂，是对富春山居文化的一种形象解读。我们邀请的一批优秀作者，为此倾注了大量的精力，用艺术的笔触、生动的语言、感人的故事，使富春山居文化走出故纸堆，展示时代气息、人文气息和泥土气息，焕发出开放、现代的青春活力。

我们要以这种最富魅力、最吸引人、最具辨识度的力量，为高质量发展建设共同富裕示范区铸魂塑形赋能，奋力推进中国特色社会主义共同富裕先行和省域现代化先行，为浙江杭州打造世界一流的社会主义现代化大都市贡献富阳力量。

　　文化如水，浸润无声，连接着一个民族的过去、现在和未来。富春山居文化，根在富阳，属于中国，期待走向世界。

中共杭州市富阳区委书记

目 录

Contents

4. Used the Yuanshu Paper to Attend the Imperial Examination

5. Complicated Bamboo Papermaking Technique

Contents

楔　子

　　这日是北宋至道二年（996）十二月初九^①。俗话说"过了腊八就是年"，每到这个时间点，过年的氛围就渐渐浓厚起来，普天之下，率土之滨，刚吃过"腊八粥"的大宋子民们都开始准备辞旧迎新了。东京开封的皇宫大内，宋太宗赵炅也开始他的"年终总结"，回顾着一年以来发生的大事。

　　这一年，尽管在西北征剿李继迁受挫，蜀中又爆发了王鸬鹚起义，但胜败乃兵家常事，起义也很快被平息，总体上还算河清海晏，时和岁丰。要说更令宋太宗挂碍的，可能还是他的潜邸旧臣——曾任宰相的宋琪于两个多月前病逝。"年年岁岁花相似，岁岁年年人不同"，又到蜡梅花开时，可有的人已经不在了。

　　恰在此时，又一则讣文呈至御前，时任陈州知州的苏易简（字

　　① 此日的公历为 997 年 1 月 20 日。

太简）去世，年仅三十九岁。宋太宗心里咯噔一下，先是难以置信，继而又感到在意料之中，随即发出了重重的一声叹息："可惜也！"

这声"可惜也"，细细品来，包含了好几层意思。

第一层"可惜"，自然是苏易简的英年早逝。三十九岁，踩着而立之年的尾巴，还未能踏入不惑之旅，在这个万象更新的岁末，他却等不来新的一年了。同年去世的宋琪享年八十，苏易简连他的一半都没有活到。哪怕以杜甫所说的"人生七十古来稀"来衡量，其亡年依然是令人痛心的过于年轻。

第二层"可惜"，则是失去了一棵"好苗子"。苏易简是太平兴国五年（980）宋太宗钦点的状元，是作为宰辅之材重点培养的，淳化五年（994）便已出任参知政事（副相）。这两年以礼部侍郎的身份出知邓州、陈州，虽是被弹劾后的贬谪，也算让他下基层历练。谁能想到，这一去，竟然再也回不来了。

还有第三层"可惜"，苏易简并非病死或因"意外"致死，可以说是他自个儿"作死"的。他死于自己当初被弹劾的原因——嗜酒如命。对此，宋太宗早已多次告诫过他，并御笔亲书戒酒的诗篇，让苏易简当着母亲薛氏的面朗读，以此来督促他切勿贪杯误事。只是，苏易简屡教不改，依旧狂喝滥饮，最终因此丧命。

此外，或许还有第四层"可惜"。苏易简才思敏捷，知识渊博，以文章著称于世，工书法，就算抛开仕途，他也是一颗冉冉升起的文坛新星。任翰林学士时，他作《文房四谱》五卷（含《笔谱》两卷，《砚谱》《纸谱》《墨谱》各一卷），续写唐代李肇的《翰林志》

两卷，身后还有文集二十卷传世（现已佚）。他的著作列表原本可以不断添加更新，却随着他的逝去戛然而止。

人生寄一世，奄忽若飙尘。绝大多数人一生的痕迹像尘土那样被疾风吹散，却也有不少人在历史上留下了属于他们的一笔。宋太宗的八世孙，南宋大臣赵汝愚少年即有大志，尝言："大丈夫得汗青一幅纸，始不负此生。"后来，他高中状元，官至右丞相，继而遭贬、暴卒，与苏易简的人生经历竟有几分相似。若以赵汝愚的眼光来看，苏易简虽然走得匆忙，但也算是"不负此生"了。雁过留声，人过留名，苏易简和赵汝愚双双《宋史》留名，得到了记录他们事迹的"汗青一幅纸"。苏易简似乎更胜一筹，因为他还创造了一项"世界纪录"——其所撰的《纸谱》，据称是世界上最早的一部关于纸的专著。

说起来，"易简"这个名字如果从字面意思来理解，倒也天然地与纸有缘，毕竟替代（"易"）了简牍的书写载体，不就是纸吗？虽说造纸术在汉代就被发明出来，可许多人还是习惯性地使用简牍，就好比 20 世纪就有了电子书，而 21 世纪的许多人还是愿意阅读纸质书一样。东晋末年，桓玄废晋称帝，颁布"以纸代简"令，直至南北朝末，纸张才完全取代了简牍。苏易简一如其名，确实也是个关心造纸业发展的人，这卷《纸谱》，伴随着五代末、北宋初造纸术的进步而产生，记述了纸的源流、制作、用途、特点等，折射了纸对社会生活的重要影响。

东汉蔡伦发明蔡侯纸之时，用的原料是树皮、麻头、破布、旧渔网。劳动人民因地制宜，将造纸术不断发扬光大，根据所用原料的不同，造出了麻纸、藤纸、楮纸等等。《纸谱》当中则说："今江浙间有以嫩竹为纸。"这表明，至迟在北宋初年，已经有竹纸了。

苏易简生于蜀地，入仕之初当过一段时间的升州（今江苏南京）通判，对于江浙间竹纸的生产既有耳闻，兴许也有所目睹。其时，江浙一带已有一些造纸"大厂"，据史料记载，仅四川、安徽、江西、江苏、浙江等地，就有90余处纸坊。[①] 要问这些"大厂"具体建在哪儿，答案肯定不止一个，而现在留下的实证则指向了一个地方，那就是富阳。这里的泗洲造纸作坊遗址，是我国现已发现的年代最早、规模最大的古代造纸遗址。

宋太宗即位后，吴越王钱俶纳土归宋，如今浙江省全境、江苏省东南部（苏州一带）、上海市和福建省东北部（福州一带）的疆域全部并入大宋版图。富阳，这个吴越国都的属县，也由"富春"改为了现今的名字，而这早就不是它第一次改名了。宋代的富阳，一次次走上历史舞台，也留下了它的"汗青一幅纸"。

就在宋太宗钦点苏易简为状元的这一年前后，一名游学苏州的富阳学子试写了一篇表章，颂扬宋太宗平北汉刘继元的功绩，大受吴中文士钦服，因此名扬江南，此人名叫谢涛。在苏易简官拜副相的那一年，谢涛长子谢绛出生，日后成为北宋文坛的重要人物。而泗洲造纸作坊的一块长方砖上，则赫然刻着苏易简去世的年份：

---

① 石谷风：《谈宋代以前的造纸术》，《文物》1959年第1期。

至道二年。

　　这意味着，至迟在至道二年（996），富阳已经建起了规模庞大的造纸作坊。循着"纸"这个脉络，本书在史料的基础上加以演绎，以富阳谢氏为代表的当地名流及其强大的"朋友圈"，都将在后文一一登场。这一年，撰写《纸谱》的苏易简走完了他的人生之路，而本书的故事才刚刚开始……

楔子

第一章

百年奇特几张纸

——与纸结缘的富阳谢氏

富阳谢氏

以谢涛、谢绛、谢景初等人为代表的富阳谢氏家族，是北宋时期相对典型的一个士人家族，在政治和学术方面均有一定成就。入宋以来，经过两代人的努力，家族地位达到最盛。谢涛逝世的前一夜，在梦中得诗一章，召来长孙谢景初录于纸上，首句便是"百年奇特几张纸"。这的确是一个与纸结缘的家族，譬如谢涛与"纸币"的渊源，谢绛与好友用赤亭纸传递的书信，谢景初创制的"谢公笺"……且听下文娓娓道来。

Family of Xie in Fuyang

The Xie family of Fuyang, represented by Xie Tao, Xie Jiang and Xie Jingchu, was a relatively typical scholastic family in the Northern Song Dynasty, and had achieved certain achievements in politics and academia. Since the Song Dynasty, through efforts of two generations, the family status reached its peak. The night before Xie Tao died, he got a poem in his dream and called his eldest grandson Xie Jingchu to record it on a piece of paper. The first sentence is "Some special papers in hundred years". This is indeed a family with paper relationship, such as Xie Tao's connection with paper currency, Xie Jiang writing letters with her friends by Chiting paper, and Xie Jingchu creat the "Xiegong Paper"... Listen to the story below.

一、谢涛：梦里"纸"落知多少

先彻乐之前一日，因寝觉，记梦中所得诗一章，召其孙景初录焉。……其诗曰："百年奇特几张纸，千古英雄一窖尘。惟有炳然周孔教，至今仁义浸生民。"

——〔宋〕范仲淹《太子宾客谢公梦诗读史诗序》

命谢涛巡抚于蜀，上遣涛谢公曰："得卿在蜀，朕不复有西顾之忧。"因诏公与涛议铸景德大铁钱于嘉、邛州，一当小铁钱十、铜钱一，于今便之。

——〔宋〕张咏《张乖崖集》

青绿山水，重重似画，曲曲如屏。江边有一个峨冠博带、白衣飘飘的男子，正在用艰涩难懂的上古音高声诵读，什么"礼随时变""器与事易"，又什么"作契以代绳""造纸以当策"，总算听出来，念的是西晋傅咸的《纸赋》。那晋代衣冠的男子，到底是谁？

正想看清那张傅粉施朱的脸，一道强光漫过，男子隐没于光芒之中，他身上那件宽袍大袖的白衣却遗留下来，俄而幻化成一张张纸片，纷纷扬扬，散入江中。围观人群转眼变为冢中枯骨，唯有一人立于原地不动，张口说："他们都走了，你也该走了！"……

"咚——咚！咚！咚！咚！"

被惊醒的谢涛剧烈地咳嗽起来，同时意识到，自己昏睡了很久，而且做了一场梦。时值宋仁宗景祐元年（1034）十月，东京开封已是秋去冬来，屋外朔风乍起，松竹婆娑，那咚咚的声响是更夫敲竹梆子的动静，一慢四快的节奏提醒着人们，已至五更，天将亮了。

谢涛是大宋的同龄人，这时已年逾古稀。他出生的那一年，恰逢陈桥兵变，赵匡胤黄袍加身，建立宋朝。生于富阳（吴越国时名为"富春"）的谢涛在吴越王钱俶的治下成长，直到吴越纳土归宋，才正式成为大宋的子民。他在弱冠之年离开家乡，游学姑苏，与吴县许仲容之女结为连理，婚后育有三子四女；三十四岁进士及第，累官至太子宾客。现在，长孙景初也开始议婚了，他不免感慨，儿孙们渐渐长大，而自己是真的老了。

每到冬季，上了年纪的人就容易生病。谢涛前几日偶感风寒，勾起旧症，一时病入膏肓，昏迷了几天几夜，就连太医看了都束手无策，甚至让谢家人可以准备后事了。谢涛次子谢约、三子谢绮皆早亡，夫人许氏亦先他而去，四个女儿都已出嫁，身边只剩下长子谢绛这一房。

富春江 Fuchun River

这年八月，度支判官、兵部员外郎、直集贤院谢绛为契丹生辰使。因为父亲的病情，谢绛辞掉了生辰使一职，由户部员外郎兼侍御史知杂事杨偕继任。这几日，谢绛就在父亲卧室旁的耳房里和衣而睡，听到父亲的咳嗽声，立时入内探视："父亲，您醒了？"

　　"我梦见张乖崖了，还有个人，一身晋代衣冠。"谢涛喃喃自语。

　　"张伯父？"谢绛知道，父亲说的是张咏，字复之，号乖崖，十多年前便已亡故，"另一个人又是谁？"

　　"方才在梦里，乖崖对我说，'他们都走了，你也该走了'。想来我大限将至，就在这两日了。至于那晋人，定然是'晋代衣冠成古丘'之意，也是暗示我快入土咯。纸，我还看到纸。那一张张纸片，像是纸钱。我还看见一条江，那是富春江吧……是时候叶落归根了。"谢涛说着悲伤的话，表情却很平静。

　　"父亲切莫胡思乱想，我还经常梦见母亲和弟弟们呢！您哪，只管安心养病，遵医嘱喝药，定能康复的。"

　　谢涛不再言语，而是静静地回忆那个梦。为什么无缘无故地听到了《纸赋》，看到了那些纸片？仔细想想，亦是有缘故的。回望此生，与纸张的缘分根植于他的血脉深处。家乡富阳以产竹纸闻名，此外还以桑枝皮、楮皮等为原料生产皮纸。自打有记忆起，那"蹦搭蹦搭"舂纸料的脚碓声就仿佛心跳声一样，伴他成长。

　　看似不起眼的纸张，却像空气一样不可或缺，其形式不仅仅是文书纸和书籍。春时的纸鸢，夏日的纸扇，秋天的纸伞，冬季的纸被……在宋代，纸早已超越了书写、印刷的狭隘范畴，发展出全面应对生活实际需求的多种功能。它在传统生活中几乎无处不在，扮演着各种各样的角色，又如纸屏风、纸阁、纸帐、纸衣等等，不一而足。要说更神奇的，大概就是以纸代替金银铜铁来流通，出现了交子。

"交子？张乖崖？我明白了，为何会梦到他……"

谢涛恍然大悟：交子的发行不就与张咏有关吗？而这一历史事件，谢涛也参与其中。按照常见的说法，张咏在景德二年（1005）主持发行了世界上最早的纸币——交子。张咏被誉为"纸币之父"，殊不知，谢涛正是他身后的军师，"事了拂衣去，深藏身与名"。

景德二年（1005），屯田员外郎谢涛被任命为西川巡抚，奉使巡检益州路、利州路。他是宋真宗特意指派给益州知州张咏的工作搭档。离京赴蜀之前，谢涛在内殿陛见，官家对他殷殷嘱托：

咏之性刚决强劲，卿之性仁明和恕，卿往济之，必无遗策。宜以朕意谕咏："赖卿在彼，朕无西顾之忧，每事宜与涛协心精议，副朕倚嘱。"

宋真宗颇具识人之能，说张咏的性子刚毅果断，比较强势，而谢爱卿你仁爱明察，平和宽恕，你过去帮助他的话，那就更加稳妥，不会失算了。"卿往济之，必无遗策"，巧的是，谢涛恰好字济之。真宗让谢涛帮他带话给张咏："有你在蜀地，朕就不担心西边了。每回遇到事情都应当与谢涛仔细商量，这才不辜负朕的期望。"

难怪了，梦里的那条江，像是家乡的富春江，又像是蜀中的锦江。

当时铜币吃紧，蜀中被划为铁钱主币的地区。然而铁钱本身价值低廉，交易中需大量使用，携带极为不便。在市场上买一匹罗，需要两万文铁钱，等于二十贯小钱，有一百三十斤重。能否学习当年刘备铸大铁钱，把现在的十文钱铸成一百文面值？

景德年间巡抚西川，谢涛就是带着这个任务来的。他与张咏议铸由官方发行的景德元宝大铁钱，生产地点放在嘉州、邛州。大铁钱是造出来了，但还是不够轻，那两万文铁钱等于两贯大钱，仍有十三斤重。买匹罗真不容易啊！有没有更轻便的办法呢？

有的，用交子。轻轻几张小纸，币值可大可小，商贾怀之便可通行天下，岂不乐哉？唐代就产生了飞钱——类似近代的汇票，而交子则相当于纸币，更为便利。

发行交子最初是民间自发的行为，只要自认为资本充足，周转无忧，即可开交子铺发行交子。交子铺之间互相竞争，一般择其善者而兑换，所谓"善"，大致是看信用、资本实力、服务态度。不过，商海起伏无常，时不时有交子铺倒闭，黑心发行人在倒闭前滥印交子的事情也所在多有。

张咏知益州时，见交子市场奸弊百出，狱讼滋多，乃加以整顿，由十六豪家互相担保，共同主事，纳钱发行。这十六豪家资本雄厚，背后又有政府在密切关注，新发行交子的信用度非常高。交子发行的统一，节约了人们鉴别交子的成本，打消了商人心头的顾虑。

自此，蜀中的交子才真正兴旺起来。《宋史》记载："张咏镇蜀，患蜀人铁钱重，不便贸易，设质剂之法，一交一缗，以三年为一界而换之。六十五年为二十二界，谓之交子，富民十六户主之。"

此事背后，谢涛出谋划策良多。他深谋远虑："应置抄纸 [①] 院，以革伪造之弊。"

交子是一种印刷票据。发明于唐朝的印刷术在北宋得到了极大发展，而发明于汉代的造纸术却未必能适应纸币的高要求。在谢涛的设想中，应当有专门抄制交子纸的地方，使用民间得不到的特殊纸张，由老工匠亲自完成，并且制作方法严禁外传。

"所见略同。"张咏微微颔首。

印制交子的纸张必须精挑细选。今天制作纸币的纸张大多经久耐用，耐折而不易断裂，并具有一定的防水性，古代也是同理。谢涛与张咏踏勘蜀中，见楮树皮造出的纸张色泽洁白，强度也高，果然是交子纸的不二之选。他们去成都的造纸作坊实地考察，看见造楮纸还要用到竹料：先把楮树的内皮剥下来，把六十斤楮皮和四十斤嫩竹与麻一起放入水塘中浸泡，再用石灰浆浸透，放入大锅中煮烂，然后漂洗、捣碎成纸浆。 [②]

此情此景，令谢涛想起了家乡的造纸场景。或许，原本就是家乡的纸给了他以灵感吧。

---

① "抄纸"与下一段的"抄制"均为手工造纸术语，即为"做纸"。
② 〔明〕宋应星《天工开物》："楮皮六十斤，仍入绝嫩竹麻四十斤，同塘漂浸，同用石灰浆涂，入釜煮糜。"

天圣元年（1023）十一月戊午①，应时任益州知州薛田奏请，朝廷在成都设益州交子务，由京朝官一二人担任监官主持交子发行，并置抄纸院，严格其印制过程。这便是最早由政府正式发行的纸币——"官交子"。官交子一交一缗，每次发行有一定限额，以铁钱为现金准备，两年（《宋史》误为三年）换发新交子，称为一界，到期收换，相当于现在每隔若干年发行的新版人民币。

当东汉的蔡伦用树皮、麻头、破布、旧渔网等为原料制造纸时，他大概没有料到，这轻薄的纸张在日后竟能成为五铢钱的替代品。然而，不管世事如何变迁，无论怎样出乎意料，总有一些精神内核一以贯之。譬如不论写在帛上，写在竹简上，写在木片上，还是写在纸上，那些"仁义礼智信"的道理都代代相传。

"父亲，您在想什么呢？"谢绛见谢涛的脸上露出微妙的笑意。

"礼随时变，器与事易。唯有周孔之仁义，能久泽于吾民。"谢涛发色如雪，脸上却红扑扑的，看上去精神焕发，"取纸笔来！再把孩子们叫上。"

谢绛怜爱地把三岁的小儿子景平，从继妻高氏那里抱过来，又叫来十五岁的景初、十四岁的景温。俗话说："阿爷值钿②大孙子，阿爹值钿小儿子。"谢涛确实对长孙尤为宠爱，在对儿孙们叮嘱了几句后，特意叫景初坐到自己跟前，拿上纸笔。

"爷爷做了一个梦，梦中得诗一章，来，你们帮我把它记下来。"

---

① 此日的公历为 1024 年 1 月 12 日。
② 值钿：吴语方言，有宠爱、疼爱的意思。

只听他说的是：

　　　　百年奇特几张纸，千古英雄一窖尘。

　　　　惟有炳然周孔教，至今仁义浸生民。

第二天，谢涛溘然长逝。

节 选

为什么无缘无故地听到了《纸赋》，看到了那些纸片？仔细想想，亦是有缘故的。回望此生，与纸张的缘分根植于他的血脉深处。家乡富阳以产竹纸闻名，此外还以桑枝皮、楮皮等为原料生产皮纸。

Why did Xie Tao hear "Paper Fu" and see those pieces of paper for no reason at all? Think about it carefully, there was a reason. Looking back at this life, the fate of paper rooted in his blood. Hometown Fuyang was famous for producing bamboo paper, in addition to mulberry bark, broussonetia bark and so on for the production of bark paper.

二、谢绛：赤亭纸传递的老友情

富阳有小井纸，赤亭山有赤亭纸。

——〔宋〕潜说友《咸淳临安志》

仆本尘外士，功名若毫末。

因寻小园隐，忽见群芳发。

昔梦宛可记，灵契方兹达。

会须挂朝缨，归弄岩前月。

——〔宋〕谢绛《小隐园诗》

当谢绛（字希深，别号紫微）反应过来，父亲谢涛逝世前那日的所作所为，都是回光返照之时，他已经与父亲天人永隔了。阖府上下一齐举起哀来，谢涛的大女婿周盘、二女婿梅尧臣、三女婿傅莹、四女婿杨士彦各自携带夫人子女前来，凡在京中的亲眷好友都陆续前来致哀。

21

"希深兄，节哀顺变！没想到这么快，你也要准备动身南下了。"来者是叶清臣，字道卿，几个月前还跟谢绛一道喝过酒。

"道卿啊，这下我不知要因为离你更远了而伤心呢，还是要因为离寺丞更近了而欣慰呢？"

"无妨！从京都到仁兄的老家，也不过是一纸书信的距离。"

就在这一年的早些时候，陈最（字寺丞）受任余姚知县，众友为他饯行，谢绛、叶清臣也在席中。时为夏暑时节，友人将赴吴越故地，勾起谢绛对于家乡的思念和感叹，身居京都的他作诗赠别曰："居者羡行者，寄声思越山。"如今真要踏上归程，却是近乡情怯。

谢家祖上是陈郡阳夏人，吴越国时，谢绛的曾祖父谢懿文为杭州盐官县令，死后葬于富阳，到了父亲谢涛这一辈，便都是土生土长的富阳人了。作为父亲唯一健在的儿子，谢绛操办完丧事，还有一个重要的任务，那就是扶枢南归，回乡守制。

浮云游子意，落日故人情。谢家老宅位于富阳县章崮乡赤松里。在外漂泊经年，犹如一只纸鸢，无论飘得多远，线的那端永远牵系着故乡。谢涛记挂着"叶落归根"，而谢绛又何尝没有怀土之情？此时此刻，谢绛的心里半是伤感，半是期待。

伤感的是，那一张张曾经鲜活的面孔，祖父谢善继（字崇礼），叔祖谢善述、谢善寿，叔叔谢炎，母亲许氏，发妻夏侯氏，弟弟谢约、谢绮……如今再加上父亲谢涛，皆成冢中人，难免生出"人生若尘露"之叹。期待的是，谢绛又能见到他引以为豪的小隐山书室了。

小隐书屋 Book Study in Xiaoyin Hill

　　小隐山书室，在富阳县北一里三十步的小隐山，门前有两棵松树，筑有"双松亭"，倚山临江，景致绝佳。大半年前，谢绛的同榜好友范仲淹由开封前往睦州（今浙江桐庐、建德一带）任地方官，于农历四月上中旬途经富阳，特意造访了谢绛言谈间经常提起的这座书室。

　　范仲淹是因为明确而大力地反对废黜仁宗郭皇后，才被贬往睦州的。议废郭后时，谢绛与好友立场一致，援引《诗经·小雅·白华》，其中有"之子无良，二三其德"这样的句子，以西周的亡国之君周幽王娶申侯之女为后，又得褒姒而黜申后的典故，规谏皇帝不要三心二意，也冒了很大的政治风险。谢绛却运气好些，没有因此而受过。

明知谢绛身在开封，范仲淹依然费心造访友人空屋，这份友情之深厚可见一斑。正值春笋迸发的时节，一条桃花小径经双松亭通往书室，柴门虚掩，只有一个看家护院的司阍。范仲淹道明来意，司阍知是贵客，热情地让他随意参观。

这是一处有丘壑、碧水、良田、松林、亭台的幽静胜地，观文章辞藻，听山水清音，仿佛可以把烦恼都屏蔽于外，叫人舒心惬意。苔痕上阶绿，草色入帘青。范仲淹为之沉醉，诗兴大发，本想写一首题壁诗，又想着在别人家里乱涂乱画不太礼貌，便问："有纸吗？"

"有，有！"司阍从几案上抽出几张纸来，抻开以后恭敬地递上，笑道，"别的也许没有，纸能没有吗？"

这是产自赤亭的上等竖纹竹纸，以当年生的嫩毛竹为料，色白，光洁，厚薄匀称。史载"二王"（王羲之、王献之）真迹多是会稽竖纹竹纸，而在距离会稽不远的杭州富阳，纸张的制作工艺也不逊色。范仲淹于纸上奋笔疾书，一首五言律诗须臾而成：

小径小桃深，红光隐翠阴。

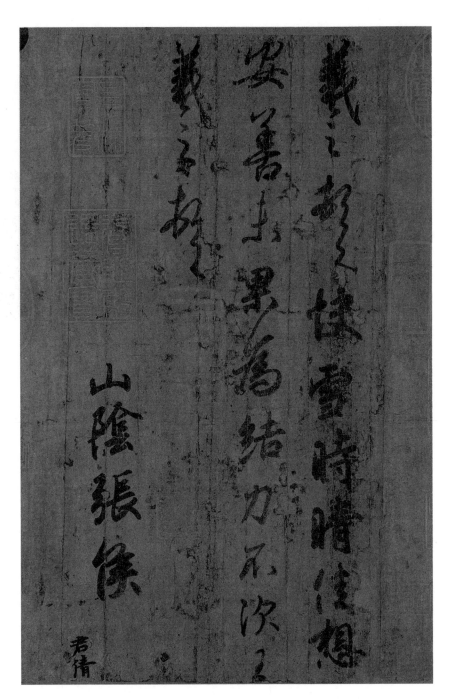

〔晋〕王羲之《快雪时晴帖》 *Calligraphy Kuai Shi Qing* by Wang Xizhi, the Jin Dynasty

25

富阳的竹林 Bamboo Forest in Fuyang

是非不到耳，名利本无心。

笋迸饶当户，云归半在林。

何须听丝竹，山水有清音。

范仲淹咏物寄兴意淳语真，以清为美，书法落笔痛快沉着，端劲秀丽。挥笔立就的他朝司阍说："方才笔一触纸就感到有所不同，写的过程中又觉得特别顺手，待我写完才发现，原因在于这纸不错！"只见纸质洁白，字迹清楚，手弹有音，闻有清香。

"此乃富阳文书纸，也叫赤亭纸，用竹浆而造。"

"'宵济渔浦潭，且及富春郭。定山缅云雾，赤亭无淹薄。'此'赤亭'乃彼'赤亭'乎？"

"正是当日谢灵运路过的赤亭。"司闾熟门熟路地介绍，富阳县东有座赤松子山，一名赤亭山，据说是上古仙人赤松子驾鹳憩息之地，赤松里便在赤亭山附近，那一带即盛产赤亭纸，"这样的纸，我们这儿有很多，先生如果喜欢，只管拿去便是了。"

"哈哈，不必！我倒是要给自己留个再来此处的念想。"

范仲淹想了想，又取来一张纸将诗再誊抄一遍，落笔粗细自如，不渗不破，书写流畅。待墨干后，满意地将两张纸收起，继而向司闾拱手告辞。随后，他将其中一张寄给谢绛，另一张自己留作纪念。

当时身在开封的谢绛收到范仲淹寄来的《留题小隐山书室》，喜出望外。虽说"久客多枉友朋书，素书一月凡一束"，但在众多的书信中，来自家乡的那一封总是饱含着别样的情愫。看到纹路细密的信纸，光滑坚韧，莹润如玉，谢绛心知是赤亭纸，不禁回想起家乡的种种。小隐山书室是他在天禧四年（1020）[①]为母许氏丁忧、居于富阳时建造的，后来扩建至数亩余。

如今，他终于回来了。

青山满目，竹影万丛，从北方回到南方，谢绛只觉得家乡的风物尤为养眼。竹多生于南方，而北方相对少见。看着家乡的竹林，谢绛不免想起了"竹报平安"的典故。创制云蓝纸的段成式在《酉阳杂俎》中记载，北都只有童子寺里有一丛竹子，刚数尺高。物以稀为贵，主管寺院事务的僧人遂把竹子当成很金贵的东西，每日都向有关人员报告："竹子没有枯萎，很平安。"后来，"竹报平安"成了报平安的书信之意。而在眼下，"竹"也可以是竹纸，可以是赤亭纸。

是不是，也该向老友们报一个平安呢？

谢绛有一个强大的"朋友圈"，许多都是鼎鼎有名的人物，除了范仲淹（字希文），还有梅尧臣（字圣俞）、欧阳修（字永叔）等等。梅尧臣是谢绛的二妹夫，而欧阳修与谢绛长子谢景初，则分别娶了胥偃的女儿，故而有连襟之谊。"欧梅"这两位宋代文宗、诗祖，除了相近的文学意趣、互为赏识的才学，更因为谢家而沾亲带故。

---

① 据《宋史·谢绛传》，谢绛"丁母忧，服除"在"仁宗即位"（乾兴元年，1022）之前。而《宋会要辑稿》载，天圣九年（1031）正月四日，谢绛奏言母"近岁弃背"，似乎不是十一年前的事。此处存疑。

梅尧臣，宣州宣城（今属安徽）人，宣城古名宛陵，故称梅宛陵，他的《宛陵集》中收录了多首与谢绛的联句。梅尧臣显然也经常听到好友口中的"小隐山书室"，还曾寄信给谢绛，询问书室的情况。

无由相见但依然，双鲤迢迢一纸书。谢绛作《答梅圣俞问隐》："圣俞一幅书，问我小隐居。小隐讵有异，筑室数亩余。岩壑不峻崒，田园非美腴。所欲近丘墓，岁时来扫除。先人梦读史，尊道本圣徒。"他自谦地说，小隐山书室并非岩壑峻崒、田园美腴之地，只是因为靠近谢家的祖茔，我才选在这个地方，岁时节日可以抽空来打扫一下。"先人梦读史"这一联，说的就是谢涛梦中得诗的那件往事。

在小隐山别业为父守灵期间，谢绛作《小隐园诗》，显露出对政事的厌倦、疲惫和意气消沉。书房中的那些赤亭纸助他排遣怀抱：

"昔日，希文兄作《留题小隐山书室》时，我还喟叹，怎么是他反客为主，用我家乡的纸寄信于我？这下终于轮到我寄给他了。

"我那二妹夫啊，老来问我小隐山书室的近况，好似把书室当作人一样，可笑又可爱。他还说我的画笔法好，闲时画两幅寄给他吧。

"对了，此次南归，永叔嘱希文兄对我关照颇多，我也该修书一封酬答……"

其间，范仲淹再贬饶州，谢绛寄诗慰情，范仲淹复《和谢希深学士见寄》。梅尧臣宰建德，谢绛果然画了两幅鹭图寄给他，梅尧臣作《谢紫微以画鹭二轴为寄》答谢。因君远相寄，诗咏对沧波。富春江畔那轻柔的纸张再次飘往百里、千里之外，传递着别样的

富春江景 Landscape of Fuchun River

情愫。

　　小隐山书室与富阳县东十里春明村（今谢墓村）的谢家祖茔之间，有个泗洲村，原名水竹村，后世著名的泗洲造纸作坊遗址，就位于此处。有人说，赤亭纸就是后来的元书纸。谢绛小隐山书室里的那些纸，他寄诗于范仲淹、寄画于梅尧臣的那些纸，说不定就产于泗洲村吧。

　　康定元年(1040)，刘敞得到一百枚澄心堂纸，赠予欧阳修十枚，欧阳修则转赠梅尧臣两枚。南唐后主李煜监制的澄心堂纸，当时为皇室御用，李煜将这种纸专门收藏于宫内的澄心堂，严禁外流，大有"生人勿近"的架势。梅尧臣作《永叔寄澄心堂纸二幅》，谓之"滑如春冰密如茧"。

　　这一年，谢绛如果在世的话，不过四十七岁，可他却在上一年，像春冰一样消逝了。梅尧臣顿生物是人非之感，澄心堂纸虽堪比金贵，但画鹭的赤亭纸承载的情谊，谁说就不金贵了呢？"鳞鸿附便，援笔飞书。写情于万里，精思于一隅。"这诗，这画，这情，回响百年、千年，至今仍"埋伏"于纸间，不知又窜入哪位看客的眼帘。

节　选

明知谢绛身在开封，范仲淹依然费心造访友人空屋，这份友情之深厚可见一斑。

范仲淹想了想，又取来一张纸将诗再誊抄一遍，落笔粗细自如，不渗不破，书写流畅。

随后，他将其中一张寄给谢绛，另一张自己留作纪念。

Knew Xie Jiang was in Kaifeng, Fan Zhongyan still bothered to visit his friend's empty house, which showed the depth of their friendship.

Fan Zhongyan thought for a moment, and took a piece of paper to copy the poem again, the paper was good for writing.

He then sent one to Xie Jiang and kept the other as a souvenir.

三、谢景初：谢公笺的创意缘起

纸以人得名者，有谢公，有薛涛。所谓谢公者，谢司封景初师厚。师厚创笺样，以便书尺，俗因以为名。……谢公有十色笺，深红、粉红、杏红、明黄、深青、浅青、深绿、浅绿、铜绿、浅云，即十色也。

——〔元〕费著《笺纸谱》

宝元二年（1039），四十六岁的谢绛刚起复不久便卒于邓州任上，范仲淹、欧阳修、梅尧臣、尹洙（后为谢绛三子景平的岳父）皆有祭文或挽词，王安石作行状，蔡襄作《谢公堂记》以志哀悼。蔡襄后来以端明殿学士出知杭州，他可谓竹纸"一生黑"，在《文房四说》中写道：

吾尝禁所部不得辄用竹纸，至于狱讼未决而案牍已零落，况可存之久远哉！

蔡襄禁止部下将竹纸作为公务用纸，他曾看到有些用竹纸写就的公文，狱讼还未结束，案牍却已零落，难以长久存档。一则是因为那时的竹纸制造技艺还不完备，处于发展完善阶段，大部分竹纸比较脆弱，强度不高，不宜保存。二则嘛，估计是蔡襄没看到制作精良的赤亭纸吧。

话又说归来，谢绛的中年辞世，对于谢家不啻抽梁断柱之灾。谢家人当时在邓州，而祖坟在富阳，长子谢景初新婚才一年，面临着"家无余资"的窘境，继母高氏又怀有身孕（次年生下谢绛的遗腹子景回），自己与二弟景温还是俸微小吏，其他弟妹尚小，如果全家护灵回原籍富阳，着实难度太大。

"不如把父亲就近安葬在南阳，我们兄弟几个将富阳母灵迁移至南阳，与父亲合葬。"谢景初当机立断，迅速成长为家中的主心骨。

康定二年（1041），弱冠之年的谢景初携二弟景温回到富阳，三弟景平也嚷嚷着要跟来，哥哥们拗不过他，便答应了。他们要移的母灵，是景初的生母夏侯氏，她在生下儿子那一年就亡故了。景温、景平皆为高氏所出，虽与景初为异母兄弟，但关系亲密，与同胞兄弟无异。

兄弟仨这趟只能迁走夏侯氏的灵柩，其他家人都还葬在这里。谢景初领着两个弟弟在祖坟的墓碑前焚香烧纸，奠酒行礼。人生天地间，忽如远行客。谢景初还记得几年前和父亲一道扶祖父灵枢返乡的情景，那时父亲谢绛刚辞去契丹生辰使，一路上说着在北境的所见所闻，让原本沉重的归途变得饶有生趣。谁承想仅过数年，昔日扶枢者，已成家中人。

风吹旷野纸钱飞，古墓累累春草绿。谢景初想起他亲手录下的祖父谢涛那句诗："百年奇特几张纸，千古英雄一窖尘。"是啊，别说几年了，只怕百年、千年，在后人看来，亦不过是青史中的几页纸罢。我辈今朝在坟前祭祖，而他日终将归于尘土。碌碌此生，又有多少人能有幸出现于那"几张纸"上？现在，生父生母都不在了，自己好像一粒尘埃飘零于世间，无助又迷茫。

三弟景平约莫十岁，却颇能察言观色。扫完墓，他见大哥黯然神伤，一言不发，特意抛出个话题调动气氛："听闻南唐后主李煜亦归枢于富春山？"

"略有耳闻，据传葬于县南月燕山之吴驾坞，未知真假。"二弟景温与大哥年岁相仿，博学洽闻，立马接口，"此事蹊跷：李煜非本地人，缘何归枢于此？"

"相传其先祖李重耳葬于此处。"

"这也窒碍难通。众所周知，李重耳出身陇西。"

"想必如吾家先祖一般，游寓江南而葬于此地。李煜归葬祖坟，倒也顺理成章。"

"只是，昔日徐铉写有《吴王李煜墓志铭》，言其葬于洛阳邙山。若李煜果真葬于富春山，亦为奇特之事。"

谢景初原本没打算加入讨论，可听到"奇特"二字，想起那"百年奇特几张纸"，不知怎的来了兴致，心想启程回南阳还要过一两天，随口道："何不前往一探究竟？"

三弟是玩心正重的年纪，听到这个提议，欢快得蹦了起来。二弟也乐得去长长见识。三兄弟一拍即合。回老宅稍作整顿，立时出发。

谢家祖坟在富阳县东十里的春明村。据传有南唐后主墓的月燕山吴驾坞，位于县南。兄弟仨自行驾一辆轻车前往。谢景初既是寻墓之行的发起人，又是长兄，便当仁不让地充当车夫。孰料他是个路盲，在一个三岔路口走错了道。

兄弟几个一路上都在谈天说地，待二弟景温发觉车窗外的异常，已然走了老远。"不对，这并非去月燕山的路。大哥你看，前面可是明真观①？"

谢景初定睛一看，还真是。明真观是当地极负盛名的道观，坐落于凤凰山上。大中祥符二年（1009），宋真宗诏令各地兴建道教宫观，唐末五代时期被毁的道观得以逐渐恢复。此观或为那年前后重建。

"你们看，那儿还有条溪。"三弟景平探出脑袋说。

"应当是白洋溪。"

富春江流经富阳，有多条山溪汇入，谓"一江十溪"。山前水

---

① 〔宋〕潜说友《咸淳临安志》："妙庭观在富阳县西十五里，旧号明真，治平二年改赐今额。"〔宋〕章渊《妙庭观》："桃花流水小桥斜，古观临溪翠竹遮。"

白洋溪 Baiyang Creek

滨，长满了细细长长的水竹。适逢桃花盛开，灼灼其华，将小桥流水的景致点缀得更为诗意盎然，也将几人走错路的懊恼一扫而空。哪怕是一县之内，亦有恍如隔世的秘境。既然来了，不妨四下里看看。

此处有一座规模很大的作坊，光是眼前这一面墙，目测长度就有数十丈。三人朝里张望，见不少工匠在忙前忙后。灶中的柴火生得很旺，一口大锅内煮着什么东西，有人从井里取水，倒进缸里。有人将一捆捆物料运至水池边，又有人从池内舀出灰白色的浆水，淋于物料之上。其下还有暗沟，想必是用于排水的。

再仔细看，那物料原来是一捆捆竹子。还有工匠立于屋内，正在舂料、抄纸。谢景初早就耳闻目睹家乡有这一产业，只是头一回见规模如此之大的，恍然大悟：

"是做竹纸的！"

外行看热闹。三弟看了一会儿就心不在焉，四下游荡，发现墙脚的一块长方砖上刻着一段文字："瞧啊，这上面写的什么？"

两位兄长凑近一看，字迹已漫漶不清，倒是落款的年份清晰可见：

至道二年。[①]

谢景初喃喃念着这几个字，又道："四十多年了。算起来，那年父亲才三岁。"

墙边有一只破碗，碗底有墨书"司库"二字，二弟推测为"司库务"之意，系朝廷机构的称呼。看来，此处所产纸张有可能供官方使用。

"这上面也有字！"三弟又把大伙儿的视线引向另一块长方砖，只见那上面的铭文是：

大中祥符二年九月二日记。

"这个时间点，应该正好是祖父被连坐罢官的时候，父亲和他一道居于富阳。"虽然那时谢景初还未出生，但他倒颇为了解家史。

"彼时当今圣上也还未出生。"谢景温插了一句。

---

① 公元 996 年。

谢墓村 Xie Tomb Village

十年前，也就是天圣九年（1031），谢涛任西京留守司御史台，谢绛为了方便奉养父亲，申请通判河南府，与留守西京（洛阳）的钱惟演共事。大家都是杭州老乡，彼此间十分信任，钱惟演悉以政事委之。谢绛负责起明肃太后（即刘娥）、庄懿太后①二陵于永安，颇善筹划调度，不取一物于民而足。

三人感慨一番，谢景初道："说起当今圣上的生母，即已故的庄懿太后，也是杭州人，且过世时和家父一样四十有六。先帝膝下只有一子，自是尤重杭州，就连本县特产的竹纸，都成了御用文书纸。"

---

① 即李宸妃，庆历中改谥章懿。是民间传说《狸猫换太子》的主角之一。

其时，杭州为两浙路路治，辖钱塘、仁和、余杭、盐官、於潜、临安、新登、吴昌、富阳九县，富阳竹纸亦作为杭州土产上贡。

"若论纸，李煜监制的澄心堂纸堪比金贵，可叹无缘一见。"二弟感喟，"恰似今日我等来寻李煜墓，亦无缘一见。"

三弟道："弟以为，纸中佳品，当推蜀中松花纸。"松花纸即薛涛笺，系唐代女校书薛涛在成都浣花溪边创制的桃色小笺，经唐宋文人传颂，时已名扬天下。

二弟不以为然："浣花笺美则美矣，然仅以颜色取胜，并非质料上乘。"祖父讳"涛"，兄弟几个在说到薛涛笺时，都刻意以他词替代。

"依我看，薛氏笺只有一色，未免单调。"谢景初想起作坊里纸工们的操作，低声絮语，"做彩色纸，应是加一道浸渍的工序。若取法家乡的竹纸技艺，再参照书中的造纸古法，以诸色染潢，想来也能另辟蹊径。"

"大哥，书中还有造纸古法？"此前大多接触蒙学书籍和儒家经典的三弟十分好奇。

"那当然，《劝学诗》没好好读吗？书中还有颜如玉呢。"谢景初拍拍三弟的脑袋，"然则，尽信书，不如无书。切不可胶柱鼓瑟，理当标新立异。"

"不如我们自创一种，可名之曰'谢家笺'！"三弟拍手称快。

"谢家笺？甚妙！"二弟也饶有兴致，"染成何种颜色为好？"

返程时已是傍晚。兄弟仨不再理会此行最初的目的，而是叽

叽喳喳地讨论谢家笺的创制之法。大伙
儿正纠结于染成什么颜色：是天际晚霞
的深红色，还是路边野果的杏红色？是
桃花流水的粉红色，还是闲云出岫的浅
云色？是道观山墙的明黄色，还是马车
铜环的铜绿色？是翠竹依依的深青色，
还是芳草离离的浅青色？是凤凰山木的
深绿色，还是白洋溪水的浅绿色？……

策马驾车的谢景初说："索性都染。"

十种颜色，便是十帧故乡的侧影。
一颗满载创意的种子落入心间，就此萌
发。若干年后，谢景初果然制成十色
笺①，又名谢公笺，与薛涛笺齐名。他
也凭借这"几张纸"而名留青史。

千百年后，位于凤凰山麓、白洋溪
边的泗洲造纸作坊遗址被发掘出土，成
为国内发现的最早的竹纸作坊遗址，那
两块刻有"至道二年""大中祥符二年"
的长方砖成为珍贵文物。

而关于富阳李煜墓的传说，还在坊间流传……

泗洲造纸作坊遗址铭文砖
Inscription Brick of Sizhou
Papermaking Workshop Site

---

① 亦有人指出，十色笺非谢景初始创。

节　选

十种颜色，便是十帧故乡的侧影。一颗满载创意的种子落入心间，就此萌发。若干年后，谢景初果然制成十色笺，又名谢公笺，与薛涛笺齐名。他也凭借这"几张纸"而名留青史。

Ten colors are ten profiles of his hometown. A seed full of ideas fell into the heart and germinate. Several years later, Xie Jingchu made a kind of paper of ten colors, also known as Xiegong Paper, which was as famous as Xuetao Paper. He also went down in history for these "pieces of paper".

参考文献

1. 王文哲：《交子制度的前前后后》，载高小勇主编《经济学视角下的中国大历史》，贵州人民出版社，2017 年。

2. 罗天云、邓中殊：《北宋前期交子诞生的历史必然性及创新发展研究》，《西南金融》2015 年第 8 期。

3. 王小丁、宋剑雄：《谢绛研究——遗失在北宋文坛中心的富春小隐山书室主人》，中国文史出版社，2021 年。

4. 陈刚主编：《守望竹纸——2015 中国竹纸保护与发展研讨会论文集》，浙江文艺山版社，2016 年。

5. 蒲三霞：《北宋富阳谢氏家族研究》，硕士学位论文，四川师范大学中国史专业，2017 年。

6. 夏斯斯：《纸里杭间》，杭州出版社，2021 年。

第二章

富春竹箭东南美

——宋代竹纸的『粉丝』们

宋代竹纸

浙江历来出佳纸，是我国手工竹纸最主要的产区，而且从文献记载和考古发掘成果来看，很可能是竹纸的发源地之一。宋时，浙江竹纸独步天下。其中，富阳是浙江最重要的手工纸产地。成书于民国年间的《浙江之纸业》写道："说纸，必说富阳纸。"宋代这些竹纸的拥趸者们，诸如平生只用小竹纸的王安石，亲手捶竹纸的米芾，用竹纸制香的黄庭坚，恰好都与富阳有着千丝万缕的联系。他们所心心念念的竹纸，当中或许就有富阳竹纸的身影吧！

The Song Dynasty Bamboo Paper

Zhejiang has always produced good paper and was the main production area of handmade bamboo paper in China, and according to documents and archaeological findings, it was likely to be one of the birthplaces of bamboo paper. During the Song Dynasty, Zhejiang bamboo paper was unparalleled in the world. Among them, Fuyang was the most important handmade paper producing area in Zhejiang Province. The book *Zhejiang Paper Industry* which published in the Republic of China era wrote: "When it comes to paper, Fuyang paper must be said." Those bamboo paper advocates of the Song Dynasty, such as Wang Anshi who only used small bamboo paper in his life, Mi Fu who personally beat bamboo paper, and Huang Tingjian who used bamboo paper to make incense, were all inextricably linked with Fuyang coincidentally. The bamboo paper that they were longing for, perhaps was figure of Fuyang bamboo paper!

一、王安石：平生只用小竹纸

前朝太医院定熟水以紫苏为上，沉香次之，麦门冬又次之。苏能下胸膈滞气，功效至大。炙苏须隔竹纸，不得翻，候香，以汤先泡一次，倾却再泡用，大能利气极佳。

——〔宋〕陈直《养老奉亲书》

司马文正平生随用所居之邑纸，王荆公平生只用小竹纸一种。

——〔宋〕邵博《闻见后录》

北宋皇祐年间（1049—1054）岁末年初，正是"爆竹声中一岁除"的时候，抚州临川（今属江西）的王家宅邸早把新桃换旧符。族中辈分最高的谢太夫人马上要九十岁了，儿孙绕膝，四世同堂。她的小孙子王安礼也已成家，就在最近娶的亲，孙媳妇是杭州富阳人，名叫谢兰。

家有一老，如有一宝。家眷围坐在谢太夫人两边，说着家中

《清明上河图》中的香饮子 Beverage Stall in *Riverside Scene at Qingming Festival*

趣事。她的曾孙王雱从小是个机灵鬼，有客人送给他家一头獐和一头鹿，关在一个笼子里。客人问他："哪只是獐，哪只是鹿？"王雱也不认识，看了半天，最后说："獐旁边的那只是鹿，鹿旁边的那只是獐。"逢年过节，家人都会把这段故事拿出来说一遍，而谢兰是第一次听，倒也十分新鲜。她知道，王雱是夫君三哥家的儿子。

"兰丫头可怜见的，头回在我们家过年。"谢太夫人颇为关照这个孙媳妇，把她叫到身边坐着，关切地问，"也不知你父母可好？"谢兰说，母亲高夫人尚安好，而父亲谢绛早在宝元二年（1039）去世，时年四十六岁。

谢太夫人一听，竟然勾起伤心事，原来她儿子王益和谢绛同年去世，年纪也一样。接着，她又想起了近年早逝的大孙子王安仁、二孙子王安道。老人家毕竟年事已高，思至伤心处，不免胸闷气短。

王家人不敢怠慢，连忙请来郎中。望闻问切过后，郎中将将胡子，想了想说："太夫人并无大碍，亦无需开药方，只需饮紫苏熟水，即有理气宽胸、消积导滞之效。"

熟水是宋代流行的一种饮料，用植物或其果实煎泡而成，老少咸宜。王益的遗孀吴夫人精通此道，亲自下厨，几个儿媳妇在一旁"偷师学艺"。谢兰原本有点内疚，谢太夫人跟她好好地说着话，突然人就不舒服了，还寻思是不是自己说错了什么，赶紧来看看有什么能帮忙的。

吴夫人边做准备边说："这熟水啊，以紫苏为上，沉香次之，麦门冬又次之。先前听闻太医院有个法子，取紫苏叶在火上烘焙，不可翻动，待香气散发后收起，再以沸水冲泡，第一遍将水倒去，第二遍方可饮用。煎紫苏时需隔一层竹纸，只是这上好的竹纸难寻。"

"竹纸？要不试试我的？"

说话的正是谢兰。她出嫁前，年幼的小弟依依惜别，往她的嫁妆里塞了许多家乡产的竹纸，让姐姐记得常写信回家。那时她还嫌弃地说："何处无纸？"未料小弟此举倒能派上用场，这便回房取出几张，交与婆婆。

那竹纸光洁细腻，一看就质量上乘。吴夫人取用一张，发现纸张渗透性极好，煎出的紫苏清香扑鼻，毫无异味。

"这纸好。"吴夫人和谢兰的几个嫂子都是临川人，得知纸产自谢兰娘家，便议论说，"比我们本地的纸强多了。"

三嫂吴琼像是想起了什么，又说："倒是与獾郎爱用的文书纸有几分相似。"

吴琼是吴夫人的内侄女，也即王家兄弟的表亲。她与她丈夫青梅竹马，婚后随夫宦游，走过鄞县（今属浙江）、舒州（今属安徽）等地，现因奉养夫祖母，夫妇俩带着儿子王雱回到临川。

数日前，王家人围坐一桌准备用饭，突然来了个蓬头垢面的人。谢兰以为外男擅入，正不知所措，谢太夫人笑道："这是你夫君的兄长。因你婆婆生他时，家中跑进一只獾，故而唤作'獾郎'。"

吴夫人忙告诉谢兰："这是我大儿子，在家中排行老三，你叫他三哥便是。"

三嫂吴琼则有点生气，嗔怪官人不该如此邋遢：以前都是至亲，现在小婶子在场，毕竟亲疏有别。岂料那獦郎不以为意，愤然吐出一句：

"凡外重者内拙①！"

这位三哥与谢兰的娘家大哥年纪相仿，两人在差不多的时间考取进士、步入仕途，彼此相熟，故而谢兰对他早有耳闻。吃饭时，三哥只吃离他最近的鹿肉，别的菜动也不动；家人把萝卜换到他面前，他又只吃萝卜。谢兰暗自好笑，此后又听三嫂说了更多他的逸事。

三哥做地方官时政绩初显，引得朝廷关注，当朝宰相奏报圣上，打算越级提拔。碰到这种事，一般人高兴还来不及，没承想他是个淡泊名利的主儿，以不想激起钻营奔竞之风而拒绝。有朝臣举荐他赴京任职，他也以祖母年高、不宜远游而推辞。

"你三哥性子执拗，佛菩萨也劝他不转。"吴琼摇头，顿了顿说，"昨日便有一件奇事。他正写字，纸用完了，我便随手拿了些给他。谁料他一脸不乐意，说什么也不肯用。问了才知，原来他指定要用一种小竹纸，别的纸一概不用。你说可笑不可笑？"

谢兰盱衡一笑："这是何故？"

"我也没弄明白，就听他说些什么'受笔发墨'之类的话，想

① 语出《庄子·达生》，原意是忘却外物才能真正凝神。

52

来就是用着顺手了。"

谢兰点了点头，继而问道："这小竹纸，可是给祖母煎紫苏用的那种竹纸？"

"有些相似，不过你拿来的竹纸，质感又更特别些。"

"如若三哥喜用，我叫家人再多寄些来。"

吴琼刚想说"如此甚好"，又担心妯娌娘家破费，话到嘴边又咽了下去。正思索怎么说才好，却见堂前飞进好几只燕子，家人已然转移了视线和话题。

"旧时王谢堂前燕，飞入寻常百姓家。"诗中的"王谢"是六朝望族琅琊王氏与陈郡谢氏之合称。殊不知，北宋也有"王谢"，那便是临川王氏与富阳谢氏。

谢兰的娘家便是富阳谢氏，祖父谢涛，父亲谢绛，兄长谢景初、谢景温等皆有名望。谢兰的夫家则是临川王氏，父亲谢绛与公公王益同为大中祥符八年（1015）进士。她的夫君名叫王安礼，与侄儿王雱后来皆系"临川三王"之一。当然，名气更大的是那位小字獾郎的三哥，"临川三王"中的另一"王"，

王安石 Wang Anshi

表字介甫，而更为人熟知的是他的大名——王安石。

其实，王安石已想不起来，自己为何执意要用小竹纸。直到妻子吴琼说，弟妹谢兰送来许多富阳竹纸，他才恍惚记起与这竹纸的渊源。当年，他与出身富阳的谢景初、谢景温是同期的邻近知县 ①，谢景初在余姚主持修建海塘，王安石专门为其撰有《余姚县海塘记》。几人素有来往，在收到谢氏兄弟用竹纸书写的信笺时，王安石能感觉到这种纸与其他纸的细微差别：纸质光滑，润墨性好；毫之所至，墨的深浅浓淡跃然纸上。他心想，自己对竹纸的偏爱，大概就缘于此吧。

若干年后，与谢兰姐弟情深的娘家小弟——那个往姐姐嫁妆里塞竹纸的小弟，名叫谢景回——像王安石一样，成了同辈之中最为出色的人。以至在嘉祐年间（1056—1063），士大夫圈子里有一句流行语："王介甫家，小底不如大底；南阳谢师宰家，大底不如小底。"宋代王铚在《默记》中解释道："谓安石、安礼、安国、安上，谢景初、景温、景平、景回也。"说的是王家年少者不如年长者，谢家则相反。可惜天不假年，谢景回不幸早逝。为他撰写墓志铭的，正是王安石。谢景初生母夏侯氏的墓碣，也是王安石写的。

---

①〔清〕嵇曾筠《浙江通志》："时景初知余姚，其弟师立知会稽，王介甫知鄞，韩玉汝知钱塘，皆有声，吴越称'四贤'云。""师立"当为"师直"，指谢景温（字师直）。见〔宋〕范纯仁《朝散大夫谢公墓志铭》："是时荆公王介甫宰明之鄞县，知枢密院韩玉汝宰杭之钱塘，公弟师直宰越之会稽。"

王安石素喜登高，曾在登飞来峰时，写下"不畏浮云遮望眼，自缘身在最高层"的诗句。某日，他游览杭州圣果寺，作了这样一首诗：

> 登高见山水，身在水中央。
>
> 下视楼台处，空多树木苍。
>
> 浮云连海气，落日动湖光。
>
> 偶坐吹横笛，残声入富阳。

圣果寺坐落于钱塘凤凰山上，山的那一边便是富阳。笛声清远，那绕梁的余音像是会飘入富阳似的。"残声入富阳"，诗篇至此结束了，但在诗人的思绪中，仍有余韵绵绵。就像他在游杭州望湖楼后写的"从此只应长入梦，梦中还与故人游"，圣果寺的笛声是否也让他想起了山那边的故人？

王安石后来位至宰相，敕封荆国公，世称王荆公。此人就像荆棘一般，脾气很"硬"，一旦认定的事情，十头牛也拉不回来，故有"拗相公"之称。居相位之时，他推行新法，谋求富国强兵，史称"王安石变法"。变法使国家财政情况有所好转，军事实力也有所增加。

然而，变法侵犯了部分统治阶级的利益，遭到司马光等保守派的强烈反对，新政推行迭遭阻碍。王安石执拗的性格，促使他锐意进取，以"天变不足畏，祖宗不足法，人言不足恤"的信念

富春宋纸

百折不挠。再后来，支持变法的宋神宗驾崩，年幼的宋哲宗即位，太皇太后高氏起用司马光为相，新法全部被废。

但王安石对小竹纸的喜爱从未停止，甚至终身仅用这一种。针对这个问题，后世论者还掐起了架，如宋代袁文在《瓮牖闲评》中说：

《闻见后录》载，王荆公平生用一种小竹纸，甚不然也。余家中所藏数幅却是小竹纸，然在他处见者不一，往往中上纸杂用。

虽然后世对王安石"平生只用小竹纸"有争议，但王安石对竹纸的偏爱是毋庸置疑的。南宋施宿的《嘉泰会稽志》记载，"自王荆公好用小竹纸……士大夫翕然效之"。由于王安石的影响力，时人争相效仿，竹纸不仅备受权贵青睐，也走入寻常百姓家。有宋一代，浙江竹纸名冠天下，以富阳县为代表的杭州，和包括萧山县（今杭州市萧山区）在内的越州即是主产地之一。可以说，对于竹纸的推广，王安石功不可没。

节　选

虽然后世对王安石"平生只用小竹纸"有争议，但王安石对竹纸的偏爱是毋庸置疑的。

由于王安石的影响力，时人争相效仿，竹纸不仅备受权贵青睐，也走入寻常百姓家。有宋一代，浙江竹纸名冠天下。

Although Wang Anshi's "Only use small bamboo paper in his life" was controversial, but his preference for bamboo paper was beyond doubt.

Because of Wang Anshi's influence, people rushed to follow suit. Bamboo paper was not only favored by dignitaries, but also went into ordinary families. During the Song Dynasty, Zhejiang bamboo paper was famous in China.

二、米芾：越州竹纸 VS 富阳竹纸

予尝硾越州竹，光透如金版，在由拳上。

——〔宋〕米芾《书史》

冠服效唐人，风神萧散，音吐清畅，所至人聚观之。而好洁成癖，至不与人同巾器。

——〔元〕脱脱等《宋史·米芾传》

公元 1085 年春，朝廷的年号还唤作元丰八年，而使用这一年号的宋神宗赵顼宫车晏驾，十岁的皇太子赵煦即位，是为宋哲宗。新君尚幼，无法亲政，故由太皇太后高氏临朝称制。

同年，三十五岁的米芾任杭州从事，他的父亲米佐也在这一年离世，追赠"会稽公"。会稽是越州的古称和别名，自古盛产竹纸，而米芾就是越州竹纸的拥趸者，曾寄诗给友人刘泾、薛绍彭，赞曰：

越筠万杵如金版，安用杭油与池茧。

高压巴郡乌丝栏，平欺泽国清华练。

老无他物适心目，天使残年同笔砚。

图书满室翰墨香，刘薛何时眼中见。

杭州由拳山藤纸（"杭油"）、池州皮纸（"池茧"）、"巴郡乌丝栏"还有"泽国清华练"都是名纸，但在米芾眼中，它们都比不上越州竹纸。皇室对米家颇为优待，缘于米佐之妻、米芾之母阎氏曾侍奉高太后，且是宋神宗的乳母。因了这层关系，米芾不用寒窗苦读考取功名，也照样被授予官职。

米芾请西湖边凤林寺的和尚为父亲做了一场法事，方丈亲自接待了他。凤林寺俗称喜鹊寺，坐落在葛岭和栖霞岭的交界处，与南屏山下的净慈寺遥遥相望，始建于唐元和初年，开山和尚为鸟窠道林禅师。这位禅师俗姓潘，本号道林，法名圆修，杭州富阳人，是牛头宗径山

鸟窠道林禅师 Niaoke Daolin Chan Master

法钦之弟子。相传他云游杭州时，看到西湖背面的秦望山有一棵松树枝繁叶茂，盘屈如盖，于是就住在上面，因此被叫作"鸟窠禅师"。由于松树上有一个鹊巢，又有人叫他"鹊巢和尚"。白居易任杭州刺史时，还入山拜访过他。

身着唐代衣冠，风韵潇洒，米芾如同从古画里走出来一般，引来众人围观。他看着满目翠微，用清亮的声音问："不知哪棵才是鸟窠禅师住过的松树？"

"施主觉得是哪一棵，便是哪一棵。"方丈微微一笑，语含机锋。

鸟窠道林禅师的书法造诣颇高，凤林寺珍藏有几张他的真迹，平时锁在一间禅房里秘不示人，但方丈特许米芾参观。曲径通幽，进入那间禅房，米芾大为惊叹，除了道林的真迹，还有好多其他名家的，简直大开眼界。也许由于道林禅师籍贯的缘故，这里收藏的大多是富阳书家的字迹。

看过道林的字迹，紧接着就是一幅孙过庭的字迹映入米芾的眼帘。这位出身富阳的书法家尤擅草书。米芾细看片刻，一边点头赞叹，一边口中念念有词："孙过庭草书《书谱》，甚有右军法。作字落脚差近前而直，此乃过庭法。凡世称右军书有此等字，皆孙笔也。唐代草书得二王笔意者，无出过庭之右。"

"评价鞭辟入里。"同样喜爱书法的方丈仿佛寻得了知音。有道是"酒逢知己饮，诗向会人吟"，方丈立时打开了话匣子："这间屋子原本是对香客开放的，还藏有孙过庭本人书写的《书谱》纸本，后来不知为何就遗失了。从那时起，屋子便锁了起来，只待有缘人来。"

"可惜，真是可惜了。"米芾能诗文，擅书画，尤以行书、草书见长，对于孙过庭早有研究，自然知道《书谱》的价值。

继而又有南朝齐梁间高僧法昙的真迹，引得米芾细看不止。法昙俗姓孙，吴郡富春（今富阳）人，为吴大帝孙权后裔，备受梁武帝礼遇，晚年归故里休养。米芾还是第一次见到法昙的字迹，大饱眼福，为之抚掌击节："没想到，富春孙氏还有如此善书者。我总说越州人杰地灵，但到了杭州发现，单是一个富阳拿出来，便可谓书画之风源远流长啊！"

"富春孙氏善书，想必是祖传的。唐代张怀瓘《书估》，将自古以来的书家列为五等，第一等是钟繇、'二王'这样的人物，第二等为蔡邕、张昶诸人，第三等即有孙权、孙皓，与曹操、曹植同列。"

"方丈大师此语得其一偏。"米芾是个较真的人，"《书估》将欧阳询、褚遂良列为第五等，难不成他们的字不如孙氏祖孙吗？孙权的手迹我也见过，要说比'欧褚'好，恐怕有失公允。张怀瓘也说了，'或奇材见拔，或绝世难求，并庶几右军草书之价'，这几等几等，说的是市价，不一定是字的水准。唐代嘛，'欧褚'的字迹相对常见，要找魏晋的字迹，定然少了。"

"米从事言之有理，但能上这份名单的，也非等闲之辈嘛。"

"您说得对，能上张怀瓘的名单，自然是不简单的。不然孙吴四帝，为何单单是孙权、孙皓上了榜，而没有孙亮、孙休呢？又

61

〔唐〕孙过庭《书谱》 *Shu Pu* by Sun Guoting, the Tang Dynasty

夫自古之善書者，漢魏有鍾張之絕，晉末稱二王之妙。王羲之云：頃尋諸名書，鍾張信為絕倫，其餘不足觀。可謂鍾張云沒，而羲獻繼之。又云：吾書比之鍾張，鍾當抗行，或謂過之；張草猶當雁行，然張精熟，池水盡墨，假令寡人耽之若此，未必謝之。此乃推張邁鍾之意也。考其專擅，雖未果於前規；摭以兼通，故無慚於即事。

觀夫懸針垂露之異，奔雷墜石之奇，鴻飛獸駭之資，鸞舞蛇驚之態，絕岸頹峰之勢，臨危據槁之形；或重若崩雲，或輕如蟬翼；導之則泉注，頓之則山安；纖纖乎似初月之出天崖，落落乎猶眾星之列河漢；同自然之妙有，非力運之能成；信可謂智巧兼優，心手雙暢，翰不虛動，下必有由。

为何是孙吴与曹魏君王名列其中，而不与蜀汉二主相干呢？"

方丈颔首，引米芾继续参观，又见数幅字帖，上有"徐僧权""满骞"字样的押署。这二位前者是中山人，后者是富阳人，都是南朝梁时的内廷鉴书人，遵圣谕鉴定宫廷所藏书画，对确定的真迹，由鉴定人在鉴定物上签字画押，以为证明。

米芾喃喃自语："都说'僧权似长松挂剑，满骞如磐石卧虎'，果然如此。"

"听闻米从事也精于鉴别，亦堪称当世之满骞了。敝寺近日收得一幅贺监笔迹，未知是真迹还是赝品，还烦请品评鉴定。"说着，方丈又将米芾引至贺知章的笔迹前。

贺知章，唐代越州永兴（今杭州市萧山区）人，工书法，尤擅草隶；官至秘书监，故称"贺监"。米芾端详良久，方才首肯："我曾观贺监传世草书《孝经》，笔法如出一辙。此乃真迹。"

"有米从事这样的行家里手掌眼，总归是不会有差池的。"

米芾有一本账，细细记录了自己收藏或经眼的名迹的底子①：王羲之《来戏帖》，黄麻纸。王献之《十二月帖》，黄麻纸。智永《归田赋》，白麻纸。杨凝式小字黄麻纸一幅。欧阳询草书《孝经》，黄麻纸。李邕三帖：《少傅帖》，深黄麻纸；《缙云帖》，淡黄麻纸；《胜和帖》，碧笺。李阳冰，白麻篆书。鲁颜公妙迹：文殊一幅，碧笺；《寒食帖》，绫纸。高闲草书《千字文》，楮纸……

---

① 见米芾《书史》。

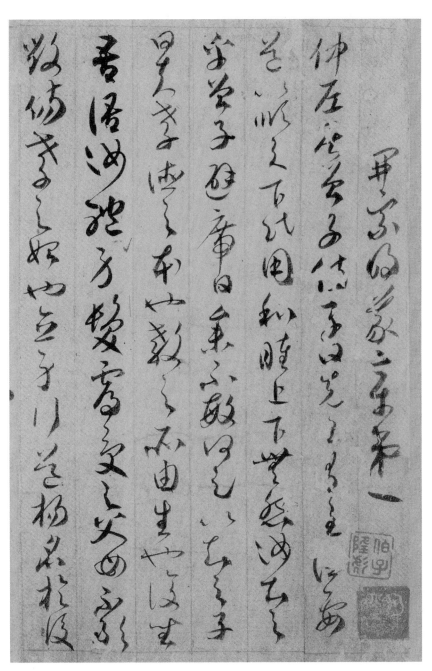

〔唐〕贺知章《草书孝经》

Xiaojing in Cursive Script by He Zhizhang, the Tang Dynasty

这次，米芾细细辨认，发现贺知章的这幅字用的像是竹纸，而写有满骞押署那几幅字帖，更像是藤纸。米芾来到杭州之后，用过余杭由拳山藤纸，但还是更喜欢越州竹纸一些。他善于从用纸者的角度研究纸的性能，并评判纸品的优劣，对方丈说："由拳藤纸明莹平滑，受墨适中，品质甚佳。越州竹纸光透如金版，又在由拳纸之上。"

"何必贺监故里？道林故里岂无纸乎？"方丈看似无由来地说了一句，米芾正在观看古纸，一时也没放在心上。

这时，小和尚献茶，杯中的西湖龙井明前新茶泛出阵阵清香。米芾只让把杯子放着，未曾饮用，只因他有洁癖，不愿与人共用器具。方丈又邀米芾赐字一幅，米芾说回去写一幅差人送来罢了。方丈笑道："看来是敝寺的纸墨不入从事的法眼了。"

"方丈有所不知。"米芾略作停顿，继而将缘由慢慢道来。

事实上，米芾作书十分认真，并非不假思索一挥而就。有的时候，一首诗写了很多次，还是只有一两字令自己满意，故而他不愿草草而就，留下急就章。国丧又逢家丧，米芾有了足够的理由推掉应酬，专心在家练字。这段时间，他试写白居易的《上巳日恩赐曲江宴会即事》，总不满意，索性先搁在一旁，以后再说。

回家后，他静下心来写字，笔端触及纸面，脑海中忽而回想起凤林寺方丈说的"贺监故里"与"道林故里"，这才反应过来其中的意思：除了越州，富阳也是产竹纸的呀！恰巧近日重温白居易诗集，读到"余波落何处，江转富阳斜"以及"富阳山底樟亭畔，立马停舟飞酒盂"之句，简直是"身未动，心已远"了。

米芾一向爱纸，平日里常与人商讨笺纸之制法，新到一地，不免技痒，又想亲自尝试并指导当地人制纸。这竹纸产地近在咫尺，作为竹纸"粉丝"的他怎可与之擦肩而过？富阳人造竹纸，究竟与越州有何不同呢？他心血来潮，决定择日前往一探。随从暗忖，这位从事果真想一出是一出，不过也早就见怪不怪。而此后的富阳之行，更是令大家刷新了眼界。

原来，富阳竹纸有一道特殊的制作工艺，是将竹料在装得半满的尿液桶里浸泡片刻，再将竹料竖立，用木勺兜起尿液将其浇淋几遍，整理好取出堆蓬若干天，此后再放入清水浸泡、清洗。这种"人尿发酵法"为当地所独有，据后人研究，一是促进微生物繁殖，

捶纸 Hammering Paper

加速竹料发酵、纤维分解，二是使制成的纸张更有防蛀的功效。

尿桶放置处毕竟不雅，大家心想，洁癖严重的米芾定然会掩鼻绕道而行。匪夷所思的是，米芾俨然像换了一个人，居然毫不介意地近前，细致入微地察看，不想错过任何一个与纸有关的细节。

"他们正在往尿桶里浸的是竹？"米芾兴致勃勃地询问。

"没错，是蒸煮好的竹料。"懂行的随行人员回答。虽然是尿，但由于放的是竹子，并没有太难闻的味道，甚至有股淡淡的清香。

出于对书法的热爱，米芾爱屋及乌，对研究纸、砚均有很深的造诣，并写有专论；尤其是纸，他不仅评纸，还亲自造纸。他曾自己捶纸，认为捶纸始创于唐代。为什么成纸之后要用木槌捶打？因为古代造纸有的打浆度较低，成纸紧密度（松厚度）较松，纸表面较粗糙，"捶打"类似现代的砑光工序，使纸紧密与表面平滑。捶纸是将纸涂以少许胶黏剂，累成叠再用重石压后捶打，再分别晾干，比砑光法效率高，纸紧密平滑并有一定抗水性。

捶纸是成纸之后的再加工，促使纸张纤维趋于平实，增加纸张结构的紧密度，减弱它的渗化能力，便于书画时掌控笔墨效果。促使竹料发酵腐烂的是一系列方法的组合运用。即先在水里浸泡，再用石灰浆腌，再入纸镬蒸煮，再用人尿浸淋，再堆蓬，再在料塘用清水浸泡，促其慢慢发酵，纤维分解软化，去净腐质。

徽宗年间，米芾在《十纸说》中记录连纸[①]的制作工艺时，还

---

① 连纸："连史纸"的省称，也是一种竹纸。

写下"用小便浸稻干，非竹也"的细节。特意强调"非竹也"，是否因为他想起了多年前在富阳看到的造纸场景（富阳竹纸浸的是竹），想要与之区分呢？这就不妨留待读者诸君想象了。

富
春
宋
纸

节　选 | 　　米芾来到杭州之后，用过余杭由拳山藤纸，但还是更喜欢越州竹纸一些。他善于从用纸者的角度研究纸的性能，并评判纸品的优劣。

　　After Mi Fu came to Hangzhou, he used Yuhang Youquan Hill rattan paper, but still prefered Yuezhou bamboo paper. He was good at studying the properties and judging the quality of paper from the paper users' perspective.

三、黄庭坚：制香达人乞纸忙

有竹纸乞数十，但恐亦竭矣。

——〔宋〕黄庭坚《黔中与人帖》

黄太史四香，沉檀为主。每沉二两半、檀一两，斫小博骰取枝查液渍之，液过指许，三日乃煮沥其液，温水沐之，紫檀为屑，取小龙茗末一钱，沃汤和之。渍晬时包以濡竹纸，数熏焙之。

——〔宋〕陈敬《陈氏香谱》

元祐八年（1093），太皇太后高氏薨逝。她被誉为"女中尧舜"，在世时是像刘娥那样独揽朝政的人物。高氏垂帘听政的座位与孙子宋哲宗的御座相对，大臣们向她奏事时，便背对哲宗。后来哲宗回忆那段往事，颇为记仇地说，自己几乎看不见奏事官员的正脸，只能看到他们的臀部和背部。皇祖母谢世，宋哲宗亲政，改元"绍圣"，那批元祐旧臣自然没有好果子吃了。

到了绍圣元年（1094），被划为元祐党人的黄庭坚内心深知形势不容乐观，表面上却沉稳冷静，波澜不惊。这位"二十四孝"中"涤亲溺器"的主人公，向来重视家庭。前两年，母亲李氏病了许久，他日夜侍奉，衣不解带，及母丧，筑室于墓旁守孝，哀伤成疾，几乎丧命。去年服除之后，他任秘书丞，提点明道官，兼国史编修官。随着朝廷的权力更迭，山雨欲来风满楼，但生活还是要继续啊！

正是黄鹂百啭、柳丝踠地的时节，休沐日有客来访，侍姜石氏以小龙团泡的茶汤款待。应酬毕，黄庭坚在书房点上一炉意和香，开始写字。他练字十分费纸，如他自己所说，"遇纸则书，纸尽而已"，女儿黄睦则在一旁看书，又拿了几个槟楂果吃。

黄睦这年十八岁了，黄庭坚早为爱女定了亲，对方是自己的好友、大画家李公麟的堂侄——舒城李文伯。李文伯的父亲李棥（字德素，号公寅、亮功），与李公麟、李元中并称"龙眠三李"。这三人都是舒城人，同时登科入仕，彼此相约"苟富贵，毋相忘"。元祐初年，李棥从京城归隐舒城，筑室隐居，建有飞霞亭，李公麟还为其旧宅作画，黄庭坚亦与之多有诗文唱和。

博山炉中，清烟吐露，兰薰麝逸。趁黄睦现在还没出阁，黄庭坚十分珍惜这段相处时光，总是在想，女儿的嫁妆里还有什么能添置的。这会儿，他又翻出好多沓压箱底的竹纸递给睦儿："我都没舍得用，你带去给李家人作诗、作画吧。"

"父亲，你也太寒酸啦，就塞点儿纸给我当作嫁妆吗？"一家

富春宋纸

人相处融洽，俏皮伶俐的黄睦总是打趣老爹。

"你别小看这些纸啊，这可是你母亲留下的。"

一听这话，黄睦的神色变得凝重起来，像是接过珍宝一样把那些纸捧了过来。母亲？一个久违了的称呼，在模糊的记忆中，她的肌肤像玉一般圣洁细腻，像被掌心焐热的宝石般温暖恬静。黄睦至今仍记得她那永远散发着淡淡幽香的身体优美的轮廓，躺在她怀里小憩是一个孩子能体会到的最深切的幸福。黄睦喜欢望着她乌黑的眼睛发呆，那慈爱而忧郁的目光中仿佛蕴藏着人世间所有的秘密。

黄庭坚曾娶湖州知州孙觉（字莘老）之女为妻，成婚两年，孙氏未有所出，竟病故了。数年后，黄庭坚在大名府任北京国子监教授时，续娶了谢景初最小的女儿，生有一女，即为黄睦。黄睦四岁时，母亲谢氏便撒手人寰。两任妻子均于桃李年华香消玉殒，黄庭坚甚至怀疑自己是不是命中克妻。后来，发妻孙氏被封为兰溪县君，人称"孙兰溪"，继室谢氏被封为介休县君，人称"谢介休"。最后还是侍妾石氏为他生下一子，名叫黄相，黄庭坚这才儿女双全。

对于亲生母亲，黄睦的印象已经很淡、很淡了，倒是外公谢景初过世时，她才稍大一点。黄睦只知道，母亲和外公祖籍杭州富阳，这是一个她从未去过的地方，只在诗文里读到过。谢景初任成都府路提点刑狱时，寄来自制的十色笺，黄家还留有几套。那深深浅浅、明明暗暗的色彩交错，似乱花渐欲迷人眼，斑斓多姿，赏心悦目。

从这十色的纸笺里，黄睦似乎窥见了一个她想象中的富阳：深红，是朝暾夕曛的漫天霞光；粉红，是春雨初霁的半束桃花；杏红，是陌上阡头的酸甜滋味；明黄，是兰若琳宫的法相庄严；深青，是"千山积雪凝寒碧"；浅青，是"归舟一路转青蘋"；深绿，是"平铺绿水眠东风"；浅绿，是"风高绿野苗千顷"；铜绿，是"山横翠后千重绿"；浅云，是"云低远渡帆来重"……

意和香的幽幽香气萦绕鼻端，黄睦不禁深呼吸几口，恰似十色笺的幻影那样令人陶醉。隐几香一炷，灵台湛空明。黄庭坚扬了扬眉，得意地问："为父调的香如何？是否清丽闲远，自然有富贵气？"

"清丽闲远是有的，我倒没闻出富贵气。就好像竹叶得了风露，那一股清香也令人心神爽快，却不似兰花、桂花那样浓郁。"

黄睦知道，父亲有一个特殊的癖好——"香癖"。有父亲的诗为证："天资喜文事，如我有香癖。"无论是汉末的荀令留香，还是宋初的徐铉焚香伴月，那缕缕馨香让人如入芝兰之室，不仅芬芳扑鼻，而且颐养身心。黄庭坚痴迷香道，还自己调香，譬如意和香、意可香、深静香、小宗香，因他担任国史编修官，后人称之为"黄太史四香"。位列四香之首的意和香最受黄庭坚喜爱，总能给生活增添些许情趣。

黄睦早就想学两手，好奇追问："父亲，这香怎么调的？"

"这香方，可是我在元祐元年，花了十首诗的代价，从一个叫贾天锡的人那儿换来的，哪能这么轻易告诉你呀！"黄庭坚有意逗逗女儿。

"哎呀，得啦，您就当给我又添置了件嫁妆，只不过这嫁妆不是实物，而是独门绝技。总不会告诉我，这香方'传男不传女'吧？"

"你倒提醒了我。这可不是独门绝技吗？我打算只告诉相儿。"

"哼，那我问弟弟去。"

"这位姑娘，你当真感兴趣啊？那可说来话长喽。"

"这位老爷，您就别兜圈子啦！"

迎着女儿期待的目光，黄庭坚如数家珍般道来："将沉香和紫檀劈成骰子般大小，用槟榔果液腌渍，汁液要没过香料一指的高度。腌渍三日后以火煮之，继而过滤果液，以温水清洗候用。再将紫檀切成细末，取小龙团的茶末冲泡茶汤浸润之，然后用濡湿的竹纸包裹烘制……"

"如此烦琐？要用槟榔、小龙团……还有竹纸？"

"既然要学，就别嫌麻烦。这竹纸的讲究可大了，不是随便拿来一张就能用，得精挑细选。你想想，要用它包裹香料浸在茶汤里，必须耐水浸泡，既要透水，又要有韧性。当下，越州、杭州的竹纸甲于他处，你母亲故里富阳的竹纸，堪称其中的佳品。"

讲到自己擅长的话题，黄庭坚越说，兴致越高。宋代竹纸的兴起具有一定的地域性：作为书画用纸，竹纸兴盛于江浙一带；作为印书用纸，竹纸在福建地区更为发达。经过一段时间的发展，竹纸分为粗细两种，细者纸面均匀光滑，粗者纸面粗糙不平，且有没捣碎的竹筋隐现其中。

就包裹香料来说，需用品质较好的细竹纸，这种纸张吸水性好，沾水后韧性强，不像有些纸浸水后会出现纸渣。黄庭坚以降，竹纸常在制香中使用，如宋代张邦基在《墨庄漫录》中记载，自制"鼻观香"，需"以湿竹纸五七重包之"，也要用楤楂液腌渍。

时光荏苒，女大当嫁，黄睦终究是出阁了，带着父亲教给她的意和香配方，还有母亲留下的那些竹纸。就像姑外祖母谢兰把竹纸从富阳带到临川一样，母亲谢介休把竹纸带到北方，如今黄睦又把它带到舒州。如同怀揣一抔故土，这竹纸产于富阳，辗转大半片宋土，正可谓礼轻情意重。何处无纸？何地无土？只是少一份寄寓的乡情罢了。

在大家，尤其是在丈夫堂伯李公麟的画中，黄睦竟常常能见到父亲的"身影"。比如，那幅大名鼎鼎的《西园雅集图》，系蜀国公主的驸马王诜邀请李公麟所画，图中有王诜及其友人苏轼、苏辙、黄庭坚、秦观、米芾、蔡肇、李之仪、郑靖老、张耒、王钦臣、刘泾、晁补之以及僧圆通、道士陈碧虚。主友十余人，另有侍姬、书童等，黄睦很快就认出了自己的父亲，顺便猜测其他认识的不认识的都是谁。李公麟善画人物，名不虚传，据说他还画过黄庭坚骑牛图呢。

另一边，黄庭坚的贬谪令下来了，他被贬至位于大西南的黔州（今属重庆）。黄庭坚的大哥黄大临不远万里将弟弟一路送至黔中。黄家兄弟几个的名字，由父亲黄庶取自远古时期的"八恺"，出自《山海经》《左传》《史记》等典籍，八恺者，苍舒、隤敳、梼戭、大临、龙降、庭坚、仲容、叔达是也。当年谢景初择婿时，还大呼有缘，

〔宋〕李公麟《西园雅集图》（局部）*Xi Yuan Ya Ji(Part)* by Li Gonglin, the Song Dynasty

因为自己的祖母是吴县许仲容之女，"仲容"同为"八恺"之一。

次年，二弟黄叔达带着侄子黄相及其生母石氏，以及自己的全家，千里迢迢来看望黄庭坚，兄弟情深，义振千古。

江山易变，嗜好难改，"香癖"伴随黄庭坚走过千山万水。在黔中，他念念不忘制香的竹纸，曾向友人讨要数十张，但恐友人那里也没有质量上乘的竹纸，不知问谁要才好。他可能有些后悔，要是当初不把那些竹纸全塞给女儿，自己留一些就好啦！环顾周遭，再也不见故人，唯有窗外黄鹂，因风飞过蔷薇。

富春宋纸

就包裹香料来说，需用品质较好的细竹纸，这种纸张吸水性好，沾水后韧性强，不像有些纸浸水后会出现纸渣。黄庭坚以降，竹纸常在制香中使用。

For wrapping incense, it needs to use fine bamboo paper of good quality. This kind of paper has good water absorption and strong toughness after dipping into water, unlike some paper that will appear dregs after soaking in water. Since Huang Tingjian, bamboo paper was often used in incense making.

参考文献

1. 高文、高启明:《新编王安石年谱》,《河南大学学报（社会科学版）》1992 年第 5 期。

2. 魏平柱:《米芾年谱简编》,《襄樊学院学报》2004 年第 1 期。

3. 郑永晓:《黄庭坚年谱新编》,社会科学文献出版社,1997 年。

4. 陈燮君主编:《纸》,北京大学出版社,2012 年。

5. 郑重、王要:《大明宫词》,人民文学出版社,2000 年。

6. 夏斯斯:《纸里杭间》,杭州出版社,2021 年。

第三章

此间不可无我吟

——春夏秋冬，泗洲的那些过客

泗洲遗址

于 2008 年发掘的富阳泗洲造纸遗址，名列国家文物局公布的第七批全国重点文物保护单位名单。这是富阳首个国家级文保单位。泗洲遗址位于凤凰山麓、白洋溪边，而凤凰山上有一座妙庭观，苏轼、王十朋、杨简、范成大等宋代名人均曾路过此地，并留有诗作。春夏秋冬，四季流转，从他们的视角观察到的泗洲造纸作坊，是什么样子的呢？

Sizhou Ruin

The Sizhou papermaking site of Fuyang was excavated in 2008. It was included in the seventh batch of major historical and cultural sites protected at the national level announced by the State Administration of Cultural Heritage. It was the first national-level cultural conservation unit in Fuyang. Sizhou Ruin was located by Baiyang Creek at the foot of Fenghuang Hill. There was a Miaoting Taoist Temple in Fenghuang Hill, Su Shi, Wang Shipeng, Yang Jian, Fan Chengda and other celebrities in the Song Dynasty once passed here and left poems. Spring, summer, autumn and winter, the four seasons circulate. What did Sizhou's papermaking workshop look like from their perspective?

一、苏轼：早春，循行"麦光"产地

世人言竹纸可试墨，误矣。当于不宜墨纸上。竹纸盖宜墨，若池、歙精白玉板，乃真可试墨，若于此纸上黑，无所不黑矣。褪墨石砚上研，精白玉板上书，凡墨皆败矣。

————〔宋〕苏轼《试墨》

（熙宁七年六月乙酉）诏降宣纸式下杭州，岁造五万番。自今公移常用纸，长短广狭，毋得用宣纸相乱。

————〔宋〕李焘《续资治通鉴长编》

（蔡）京以竹纸批出十余人，令改入官与寺监簿或诸路监司属官，其间有不理选限者，有未经任者，有未曾试出官者及参选者，仍令尚书省奏行。右丞宇文粹中上殿进呈，事毕出京所书竹纸。

————〔宋〕陈均《九朝编年备要》

北宋熙宁六年（1073）年初，富阳凤凰山北麓的泗洲村突然

凤凰山 Fenghuang Hill

间炸开了锅：山上的道观里挖出了"长生不老药"。

　　说起那座道观，原叫明真观，治平二年（1065）赐额"妙庭"。此观来头不小，是传说中西王母的侍女董双成修炼之地。传说董双成本是杭州农家女，及笄之年，父母要将她许给财主家当小妾，她誓死不从，逃到观里修行，后得道成仙。她手脚勤快，别的侍女两天都干不完的活，她一天就能干完，因此被西王母赐名"双成"，深受器重，得以掌管蟠桃园。

　　妙庭观里原在打一口井，不料挖出一尊丹鼎，以及铜盘和破碎的琉璃盆。村民撬开丹鼎，发现其中还有丹药，立即将其哄抢一空。晚到的村民无丹药可抢，便有人去摩挲丹鼎和铜盘，甚至有无知村民舔舐丹鼎内壁，看热闹的越聚越多。大伙儿七嘴八舌：

"这可是西池仙女留下来的！沾到一点就长命百岁。"

"有这么灵？我倒不信。"

"宁可信其有，不可信其无。"

"……"

"哎哎，岂不闻'一人得道，鸡犬升天'？刘安家里的鸡犬啄食主人剩下的丹药亦能随之升天，说不定舔了炼丹炉壁的，立马就会成仙。不妨拭目以待。"

这回说话的是位头戴高帽的男子，揶揄的语气中带有蜀音。他三四十岁，个子挺高，面颊清瘦，脸上流露着看热闹不嫌事大的神情。围观的村民大都彼此脸熟，但从没见过这人，很是疑惑：

"你谁呀？刘安又是谁？"

有略懂者窃窃私语：

"那刘安好像是汉代的一个什么王，编《淮南子》的。"

"不就是淮南王嘛！"

"噢，对对。他在汉武帝时谋反，有人说他自尽了，有人说他成仙了。"

"那跟咱们又有啥关系？这人又是从哪冒出来的？"

高帽男子见话头又回到自己身上，指了指挖出的铜盘和琉璃盆："看到那个没？我就是'铜盘'。可惜呀，琉璃易碎，那盆子都粉身碎骨了；不过还好，'铜盘'安然无恙。"

众人愈发奇怪，什么铜盘铁盘、碎不碎的，正摸不着头脑，却听见有人一路小跑过来喊道："'铜盘'，'铜盘'，您怎么跑这儿来了？"

高帽男子朗然一笑，随即跟着那人离去。有村民恍然大悟："原来是个走错路的，名叫'铜盘'。"

童心未泯的高帽男子玩了个谐音梗。"铜盘"实为"通判"，此人是杭州通判苏轼，此时正循行属县，立时作了两首诗：

富阳妙庭观董双成故宅，发地得丹鼎，覆以铜盘，承以琉璃盆。

盆既破碎，丹亦为人争夺持去，今独盘鼎在耳（二首）

其一

人去山空鹤不归，丹亡鼎在世徒悲。

可怜九转功成后，却把飞升乞内芝。

其二

琉璃击碎走金丹，无复神光发旧坛。

时有世人来舐鼎，欲随鸡犬事刘安。

数日前，苏轼从钱塘出发向西南行进，途经风水洞，还作诗题壁。行至富阳，他又游览了普照寺、延寿院、国清院。当地人说国清院墙壁上留有李白题的诗，苏轼兴奋而至，失望而归：

"伪作！"

内行看门道，这拙劣的用词和句法也只能哄哄不懂诗的人了。也罢，虽然未睹诗仙手笔，但沿途的风景未曾让他失望。如果说钱塘山水是"淡妆浓抹总相宜"的名门之秀，那么富春风物则是"养在深闺人未识"的窈窕淑女。

时为早春二月，春山如笑，春禽磔磔。东汉末年，孙权修书与曹操曰："春水方生，公宜速去。"吴越国时，钱镠寄信给夫人说："陌上花开，可缓缓归。"一去一归，皆源于江南春景带来的怦然心动。富阳最令苏轼悸动的，则是漫山遍野的竹。

苏轼原就喜画竹，对文同的"竹派"画风手摹心追。在以赤子之眼观世界的苏轼看来，竹也是有生命的。清风入林，竹子随风摆动，摇曳生姿，似佳人粲然而笑①。

若想画出神韵，自然要善于观察。富阳琅玕遍山丘，苏轼仿佛看到"银绿大夫"②们济济一堂，高谈阔论；"碧虚郎"与"卓立卿"倚栏眺望，谈笑风生；"君子""青士"正襟危坐，临江对弈；"绿卿"拉着"绿玉君"认同宗，说咱们五百年前是一家；"凌云处士"鹤立鸡群，孤芳自赏；"圆通居士"笑而不语，大隐隐于市；满山的"抱节君"交头接耳，窸窸窣窣，好不热闹……

---

① 〔宋〕苏轼《石室先生画竹赞》："竹亦得风，夭然而笑。"石室先生即文同，字与可。
② 〔清〕厉荃《事物异名录》："碧虚郎、凌云处士、卓立卿、银绿大夫……谓竹也。"其余皆为竹的代称。

"此地真可谓竹乡，难怪产竹纸。"

泗洲村有一座规模极大的竹纸作坊，他处少见。走出妙庭观，苏轼本想去山脚的这座作坊参观，但得在午前赶到新城，没时间了。他有点不甘心，正巧随行的向导老蔡曾做过纸工，苏轼便请他稍作介绍。老蔡是富阳蔡家坞人，近年来不再做纸了，手艺由儿子继承，但他对竹纸的制造流程仍很熟悉：

"造竹纸啊，主要分'办料'和'成纸'两大工序。办料就是从砍竹到成料备用的全过程，包括砍竹、削竹、拷白、断料、落塘、浆腌、煮料、淋尿、堆蓬、翻滩等等，前后约需两个月。把竹料捣成细绒状，就成了制造竹纸需要的纤维，过长、过短、过粗、过细都不成。唯有抄纸这一节最难：那个竹帘加上水，足有三十多斤，全靠双臂来支撑。料少，薄不堪用；太多，厚而无当，浪费。……"

下得山来，马车早已备好，苏轼听得不过瘾，但不得不与老蔡等作别，启程赶赴新城。路过富春江边，看着漫漫江浦，他不禁浮想联翩。

制造竹纸，除了要有竹，还要有水。水质对产纸的质量有相当大的影响。苏轼相信，造纸有赖于"水之力"，比如浣花溪边的麻楮纸造得好，是因为溪水清滑。[①] 浣花溪是锦江的支流，泗洲村的白洋溪则是富春江的支流。锦江之于成都，就像富春江之于富阳。

---

① 〔宋〕苏轼《书六合麻纸》："成都浣花溪，水清滑胜常，以沤麻楮作笺纸，紧白可爱，数十里外便不堪造，信水之力也。"

泗洲造纸遗址 Sizhou Paper-making Ruin

富春江的水质如何呢？在这个问题上，苏轼总算体会到李白那种"眼前有景道不得"的心情，因为南梁的吴均珠玉在前：

水皆缥碧，千丈见底。游鱼细石，直视无碍。

浅青色的一江碧水，清透如镜，江底的细石历历可见，大概还能看到优游其间的白鲈和鲥鱼。群山之中，还有无数清澈的山泉，汇集成溪流，源源不断地注入富春江。[①]苏轼感叹，这便是富春山水为沿岸竹纸生产提供的"水之力"。

对于文人来说，纸笔从来都是不可或缺之物，好纸好笔更是可遇而不可求。所幸在杭州及周边，苏轼便找到了好纸笔：杭州笔工程奕所制的鼠须笔，制作精妙，富有弹性，写字挺劲；纸的选择更多，如"杭油"纸、杭州及越州所产竹纸，会稽的"楮先生"（楮纸），海盐的金粟山藏经纸……

其中，竹纸令苏轼印象颇深。正如友人米芾所言："越筠万杵如金版，安用杭油与池茧。"杭州由拳藤纸（"杭油"）、池州皮纸（"池茧"）都是当世名纸，但在米芾眼中，它们都比不上越州竹纸。

对此，苏轼并不否认，但也有自己的看法。世人都说竹纸适合用来试墨，苏轼则认为，池州、歙州所产的玉版纸更宜于检验

---

① 制造"元书纸"需要山泉水，制造高质量的"元书纸"更看重"头口水"，就是接近山泉源头、无任何污染的山泉水。

墨的质量。玉版纸用藤制成①，纸面莹润，纸质厚实，能够承受浓墨笔触的压力。如果写在玉版纸上墨色显黑，那无论写在哪里都没有不黑的了。此外，砚也很重要，如果用不发墨的细石砚研墨，在玉版纸上写，那所有的墨都是坏墨了。

竹纸当然也宜于试墨，苏轼还送它一个雅称，叫作"麦光"。众所周知，苏轼除了文学造诣极高，书法水平也不遑多让。与他并称"苏黄"的黄庭坚，推举他的书法为宋朝第一，前来求笔迹的人络绎不绝。个性放达的苏轼总是有求必应，欣然提笔。有时求字的人太多，他也尽量满足，能写一笔是一笔，不忍让别人空手而归。想来当时的杭州民间，也流散着不少他的墨宝。

苏轼曾作《和人求笔迹》一诗自嘲：

麦光②铺几净无瑕，入夜青灯照眼花。

从此剡藤真可吊，半纤春蚓绾秋蛇。

瞧瞧，求笔迹的人太多，苏轼犹如开了一场免费的"签售会"，写到老眼昏花，手臂发麻，精疲力竭。"春蚓""秋蛇"即指字无骨力。"剡藤"并非特指剡溪藤纸，而是纸的代称。在视万物为生灵的苏东坡看来，竹可以有生命，纸也同样。写上了像蚯蚓和蛇

---

① 〔宋〕苏轼《孙莘老寄墨四首》："剡藤开玉版。"也有人认为玉版纸由竹或麻等制成。
② 赵次公注："麦光，纸名，盖南中竹纸之流。"

93

泗洲村 Sizhou Village

一样歪歪扭扭的字，这"剡藤"节操尽失，简直原地去世，应予凭吊，就算不开个追悼会，至少也要默哀三分钟。

"麦光铺几净无瑕。"沾上墨迹之前，竹纸洁净无瑕。仅从"麦光"这两个字就可想见，其纸面平滑如砥，润笔流畅。苏轼喜用杭产纸笔，不仅自己用，而且与亲友共分享，从杭州回去探亲时，还为表弟程德孺购置了一份江浙特产大礼包——一百支程奕笔、两千张竹纸。他自己对于竹纸的喜爱则直追王安石，后人搜集苏轼的字帖，其中使用竹纸的居十之七八。

熙宁七年（1074）六月乙酉，朝廷下诏，令杭州为政府制造专门用纸（"宣纸"），每年五万番。这个"宣纸"与我们今天所说的宣纸无关，指的是书写皇帝任命官员的宣诏纸，简单说就是一种特制款的御用公文纸。

此时，苏轼仍在杭州通判任上，而杭州知州陈襄（字述古）刚刚离任，继任者杨绘（字元素）初来乍到，还不了解情况，故而征询苏轼的意见。苏轼想起了上一年早春二月与自己擦肩而过的造纸作坊，建议将制造贡纸的任务转交到属县富阳。

唐宋拜相命将，用黄、白麻纸写诏书公布于朝，称为"宣麻"。北宋中后期，那些人事任命的文书，其实不止用麻纸写成，还有用竹纸的。《九朝编年备要》记载，蔡京大权独揽之时，委任官员的文书皆为竹纸。竹纸成为官造文书的选择之一。

回到前文，如果我们注意到"熙宁七年六月乙酉"这个时间点，就会发现，此时苏轼任杭州通判，王安石刚刚罢相，并于次年再度拜相，而蔡京则在此前任钱塘尉。顶头上司和宰执大臣都爱用竹纸，向来以上峰喜好为指归的蔡京自然上行下效。或许，他发现杭州的竹纸是真当好用，也不知不觉地养成了用竹纸的习惯，并在掌权之后促成竹纸成为御用公文纸。

但不知，泗洲的那座作坊，是不是也承接了这制造御用公文纸的任务呢？

节 选　　　　　竹纸当然也宜于试墨，苏轼还送它一个雅

称，叫作"麦光"。

Bamboo paper was certainly suitable for testing ink,
Su Shi also gave it a elegant name, called "Maiguang".

二、王十朋：初夏梅雨季，造访富阳的京都状元

　　吾贫，好作文，苦于无书可阅；好写字，苦于无纸可书。遂于贫中撰出一术，以卓为纸，以肺腑为书。净几无尘，日书数百字，吾之无尽藏纸也；心之精微，日出数百言，吾之无尽藏书也。

——〔宋〕王十朋《题卓》

　　去国怀明主，离群念旧游。

　　翻令到家梦，终夜绕瀛洲。

　　——〔宋〕王十朋《五月十八日去国明日宿富阳庙山怀馆中同舍》

　　绍兴三十一年（1161）五月下浣，正值"春去夏犹清"的时候。已经入梅了，雨淅淅沥沥地下了几天，总是将止未止。这天，大雨暂歇，小雨霖霖，凤凰山北麓的泗洲作坊来了两个撑着油纸伞、

身着便服的人。作坊里的李师傅迎了上去，只见脸熟的那位是富阳县尉张涅（字叔清），另外一位国字脸、五十岁上下的文人士子，操着东瓯口音，衣服上有补丁，穿着的布鞋上，脚趾的位置竟然还破了个洞。

"张县尉，您来啦！这位官人是……"

"李师傅，又见面喽！我来介绍下，这位是四年前官家亲擢的状元郎，梅溪先生王十朋。今天我带他参观参观，切勿声张，也别惊动大家，你们各忙各的吧，我给他当向导就行。"

李师傅吃了一惊，原本寻思这国字脸是县尉的哪门子穷亲戚，没想到竟然是京都临安来的状元郎。这京都状元屈尊来到作坊，可谓令此地蓬荜生辉啊！看起来，土状元和张县尉一样，都是低调而务实的人，既然县尉特意叮嘱勿扰旁人，李师傅也乐得让他们随意参观。

说起来，这位京都状元为何于此时出现在富阳呢？

王十朋，字龟龄，生于温州乐清，家门口有一条梅溪，因而号梅溪。他立志通过科举走向仕途，为国效忠，但屡试不第，直到四年前在临安参加殿试，以一篇针砭时弊、洋洋洒洒万余言的《廷试策》，被宋高宗亲擢为状元。那年，他已经四十六岁，也算是"大器晚成"的人物了。

张涅与王十朋早年在京城临安太学中一道读书，两人志同道合，可称一对挚友。前几天，经年未见的这对好友在富阳重逢。一碰面，王十朋便说："我准备回乡奉祠，已经向皇上上书言明。

虽然还没批准，但是管不了那么多，如你所见，我已经启程了。"

张湜目瞪口呆："怎么？仁兄是天子门生，眼下正是你大展宏图之时，放着好好的京官不做，竟要回去管道观，领一份微薄的俸禄，何苦来？"

"唉，一言难尽啊！"

王十朋中状元后初授左丞事郎，签书建康军节度判官，后任绍兴府金判，除秘书省校书郎，兼建王（即后来的宋孝宗）府小学教授。在秘书省，王十朋因轮对提出金人必败盟，力陈加强江淮备御之要，请求起用在贬所的刘锜为帅、张浚为相；又论杨存中飞扬跋扈，皇上大悟其言，解除杨存中三军殿帅之兵权；指摘朝廷衮衮诸公眈于安乐，故而大臣多不悦。王十朋急流勇退，乞祠求去，除著作佐郎，罢其兼职，他力辞，皇上出于钦点状元不许；久之，除太宗正丞，再次乞祠去国。

得知了来龙去脉，张湜不由得为这位同窗不避斧钺之诛、冒死上疏的举动所折服。想当年，爱国太学生陈东、抚州进士欧阳彻伏阙上书，抨击朝政、弹劾权臣，结果身首异处。继而，张湜与王十朋读太学的同窗胡铨上疏请斩王伦、孙进、秦桧，被流放广州。王十朋写这份讨伐权臣、反对和戎、揭露朝廷阴暗面的檄文，是冒了多大的风险，可想而知。张湜惺惺相惜地拉着老友，说回乡反正不赶时间，既然路过富阳，索性多住几天，好让我尽东道主之谊。

那么，这位状元郎又为何来到了泗洲的纸坊呢？这还要从王

富阳夏天 Summer in Fuyang

十朋的那双破鞋子说起。

王十朋居家读书时，生活清贫，全靠贤妻贾氏日夜纺织，弟弟下地耕耘，全家才得以勉强渡过难关。贫穷的生活使他连一双新鞋都做不起。他平时穿的鞋子，是妻子亲手用麻线纳底做的布鞋。日子久了，鞋子穿破，连十个脚趾也藏不住，使青蛙从鞋的裂缝中乘虚而入，王十朋一时竟没有发觉。为此，他还风趣自嘲地写了一篇《记蛙》。

贫穷的家境，还体现在纸张的匮乏上。葛洪算是节约用纸的典范了，他小时候卖薪买纸，写满字的纸翻过来在另一面继续写，但他好歹买得起纸。南齐的沈驎士为了学习，把别人用过的"反故"纸拿来，写了几千卷书。他比葛洪还要节省，葛洪在一张纸的正反面全写上字，但他拿到的至少是一张新纸。而沈驎士买不起新纸，只好把别人用过的纸拿来用。

葛洪和沈驎士总归还能用上纸。再看欧阳修，在很小的时候便失去了父亲，由母亲郑氏带大。家中贫寒，买不起纸笔，郑氏便用荻草秆当笔，铺沙当纸，教儿子练字，这便是"欧母画荻"的典故。

到了王十朋这儿呢？他以桌为纸，每天把桌几擦干净，在桌上用手指沾水写数百个字，连草秆都省了。他自我安慰说：如此，桌子不就成了用不尽的纸张吗？每天背诵数百言，这些腹笥就是无尽的藏书啊！

听老友提起这些心酸的往事，张湜调侃道："你要生在富阳就好啦！这里几乎家家户户做纸，男女老少都会一手。"

王十朋来了兴致，表示很想去看看，曾经对于自己来说这么求之不得的东西，究竟是怎么造出来的。张渑说，既然要看，就看个规模大的，于是驱车来到泗洲，和李师傅打了招呼，像是回到自己家一样，一边带友人参观，一边介绍：

"我来富阳这两年，差不多把情况摸透了，富阳生产的竹纸分文化用纸与祭祀用纸。祭祀用纸也叫黄纸，是用竹皮或竹梢、竹丫枝等下脚料所做，色黄且粗糙；文化用纸为白料[①]所做，故微含清香，薄如蝉翼，柔韧如纺绸，纤维密实，易着墨、不渗染，耐贮藏且不招虫蛀。你看，他们在造的，就是文化用纸。"

对于造纸，王十朋是外行，但也非一窍不通。年少时杂学旁收，知道蔡侯纸的制作工序为锉、沤、煮、舂、抄：锉，即将原料切断；沤，即发酵脱去原料中的无用物质；煮，即加热蒸煮，进一步煮烂原料；舂，即将办好备用的料放在石臼中，利用人力脚踏或水力带动进行舂捣，将其舂捣成细绒状，然后放入纸槽，与水搅拌成浆液；抄，即用抄纸帘从浆液中捞起一张张湿纸页，干燥后即成纸张。至于竹纸的做法，想来也大同小异。

此时，这里的工人正在荡帘抄纸，这是造纸过程中最费力的工序之一。抄纸人站在纸槽边重复着舀水、抬起竹帘等动作，每次承受的重量约有四十斤。操作时还得靠经验，抄得轻，纸会太薄，

---

① 白料：嫩竹肉。

造纸　引自《天工开物》　Paper-making , from *Heavenly Creations*

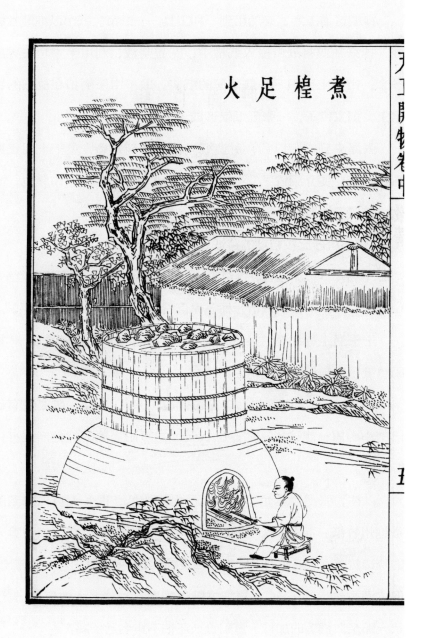

造纸　引自《天工开物》Paper-making , from *Heavenly Creations*

抄得重，纸又会太厚，而且在同一张抄纸帘上也得厚薄均匀。

抄纸这道工序，必然用到一种工具——纸帘。纸帘以细篾丝编成，抄纸师傅将纸帘投入纸槽中，兜起浆液，利用手中功夫晃出多余，帘子上面积下一层薄薄的纸浆。取下帘子倒扣在放纸的竹席上，揭去帘子，一张湿纸就形成了。

张滉来到富阳以后，对造纸流程也逐渐熟悉，见王十朋正察看抄纸帘，便介绍说："这帘子有两种，一种是粗帘，帘缝宽，滤水快，用于抄厚纸……"

"想必可抄比较粗糙的黄纸。"王十朋插话道。

"没错。"张滉颔首，继续说，"要抄文化用纸，则要用帘丝细、帘缝窄、滤水稍慢的纸帘。梅溪兄且看，这纸抄出来又细又平。"

王十朋走近细看，果然柔软洁净，不含杂质，不禁赞叹："富阳竹纸，当与越州竹纸齐名！"

"哈哈！有了你这句话，这趟就没白来。"其实，张滉也有自己的小心思，想让王十朋这位状元郎为富阳当地的特色产业打打"广告"。

以往，张滉常常想：为什么一提起竹纸，很多人首先想到的是越州竹纸，而非富阳竹纸？这其中，很大的原因在于米芾等人的吟诗赞美。富阳作为南宋都城临安的属县，其地位固然今非昔比，但"酒香也怕巷子深"，富阳竹纸也需要这种"名人效应"。有了状元郎亲口赞美的加持，富阳竹纸还怕不声名远扬吗？

从作坊出来，张滉本要带王十朋回县衙，恰巧旁边那座凤凰

抄纸 Papermaking

榨纸 Pressing Paper

山的山腰上有一座妙庭观，这是董双成修炼的地方，苏轼亦曾为之驻足流连，王十朋立马不肯走了，一定要上去看看。

农历五月十八日刚过，这日是道教的张天师圣诞。与蔡伦同时代的张道陵，创立了五斗米道（又称天师道），故其又称张天师。这位道教祖师爷开凿盐井，并以碱为洗液，进一步改良了造纸方法。据说，纸之所以以"张"为计量单位，正是因为张天师。观里刚做过法事，还留下了许多用竹纸写就的符箓①。

王十朋祭拜神仙真人，逗留许久。站在凤凰山上，看着一川如画的美景，由衷感叹："'一川烟草，满城风絮，梅子黄时雨。'贺铸的《青玉案》写江南景致，颇为传神啊！"

"孔平仲有'阴天漠漠行梅雨'之语，更为应景。"作为富阳县尉，张湜对前代诗人吟咏富阳的诗信手拈来。

"我嘛，是人还没到富阳，字已经来了。前两年，贤弟在富阳寄诗于我，有'吴山空对越山明'之句，我甚喜之，随即回寄一首，还有印象吗？"

"怎会没印象！"张湜略作回忆，朗声道来，"'尺素遥传到越城，入怀珠玉照人明。登科雅服才名早，筮仕喜闻官业清。空把交情对山色，要令音问读潮声。匆匆作答无他语，莫羡人间势利荣。'你听听，我有说错一个字吗？"

听好友一字一句地背出了《酬富阳张叔清县尉》，王十朋受宠

---

① 〔清〕陈其元《庸闲斋笔记》："道家用竹纸书符、上表。"

若惊："真是难为你！不过啊，还真错了一个字：颈联的'要令音问读潮声'，'读'当为'续'。也不知是你记错了，还是我写错了？"

"兴许是我记错了罢。还别说，我是觉得这'读'字有点古怪，改成'续'字便妥当了！这次仁兄路过富阳，可有诗否？"

"容我酝酿酝酿。"

天色已晚，正巧妙庭观内有一间玉笙庵，可供访客居住，王十朋便坚持住宿于此。夜里，梅雨又淅淅沥沥地下了起来，他诗兴大发，写下一首《宿妙庭观》：

> 小小琳宫气象清，云軿遐想董双成。
>
> 灵丹炼就覆金鼎，仙鹤归来闻玉笙。
>
> 两绝老坡吟处境，千秋太白曲中名。
>
> 尘埃奔走东归客，寄卧一庵听雨声。

王十朋或许也为富阳竹纸写过诗，但已经湮没在历史的尘埃里。而那句"京都状元富阳纸"的俗谚，兴许，就与他有关吧！

节 选

　　王十朋或许也为富阳竹纸写过诗，但已经湮没在历史的尘埃里。

　　Wang Shipeng might have written poems for Fuyang bamboo paper, but they had been lost in the dust of history.

三、杨简："秋老虎"时节偶遇斫竹人

　　杨简，字敬仲，慈溪人。乾道五年举进士，授富阳主簿。会陆九渊道过富阳，问答有所契，遂定师弟子之礼。富阳民多服贾而不知学，简兴学养士，文风益振。

　　　　　　　　　　——〔元〕脱脱等《宋史·杨简传》

　　陆象山至富阳，夜集双明阁，象山数提"本心"二字，先生问："何谓本心？"象山曰："君今日所听扇讼，彼讼扇者，必有一是，有一非。若见得孰是孰非，即决定为某甲是，某乙非，非本心而何？"先生闻之，忽觉此心澄然清明，亟问曰："止如斯邪？"象山厉声答曰："更何有也？"先生退，拱坐达旦，质明纳拜，遂称弟子。

　　　　　　　　　　——〔清〕黄宗羲《宋元学案》

　　乾道七年（1171）七月初，时节已经立秋，但还处在末伏，"秋

111

老虎"发威，仍是暑气蒸腾，蝉鸣聒噪。"蝉噪林逾静"，凤凰山上的妙庭观里绿竹掩映，磬声悠悠，别是一方清净地。在山上劳作的庄老伯前来讨水喝，顺便借点阴凉歇歇脚。小道士将他引至观内的香风堂暂歇，递上茶水，老伯一饮而尽。

"哎呀，痛快！深谢小道长。山上的泉水好喝，穿堂风也凉快。"

"居士请自便。"小道士抱拳施礼，便自顾自忙去了。七月十五中元节快要到了，观里忙碌异常，道士们都在用竹纸书符、上表。

再说这香风堂内，庄老伯不由得望向身边，只见同样在一旁歇脚的还有一位三十出头的年轻人，书生模样，嘴里正喃喃念道：

古人所弃今人慕，不谓苏公亦世情。

此话若教天上听，定须笑倒董双成。

庄老伯也没太听懂，见对方是个文化人，便热情地跟他搭话："古书上说'七月流火'，你看看，可不是嘛！这天气热得要蹿火喽。"

那个年轻人说话也是文绉绉的："这位老伯，您言之有误。《诗》云'七月流火'，说的是秋七月天气转凉，天刚擦黑的时候，可以看见大火星从西方落下去。'火'是二十八宿之一的心宿，每年夏六月出现于正南方，位置最高，七月后逐渐偏西下沉，故称'流火'。"

"你瞧，我就不该提什么'古书上说'，在文化人面前卖弄。老朽实在不懂什么'子曰''诗云'的。"

"这么热的天，您在山上做什么营生哪？"年轻人问道。

"喏，"庄老伯指指自己随身携带的砍竹斧，"这旁边有片竹林，我在那儿砍竹子，准备做纸用呢。"

一听这话，年轻人饶有兴致，追问："据我所知，做纸都是在立夏到小满前后上山砍竹，现在都立秋了，怎么又要砍竹子了？"

"嗨！年轻人，你这是只知其一，不知其二。谁说只砍一次了？小满砍下的竹啊，做读书人用的纸；今朝还有十天就七月半了，要砍竹子，做纸钱之类的呢！"

原来，小满前后半个月左右是最好的砍竹时间，这时的嫩竹刚放出丫枝，竹嫩肉厚，其中所含纤维既嫩又色白，且有较好的韧度，作为制造质量上乘的文化用纸的原料。迟砍的竹则只能当作制作普通纸的原料，甚至与前面剩下的竹梢、竹丫枝等下脚料一起，作为黄纸（祭祀、包装用纸）的原料。

也就是说，在竹纸的制造中，存在竹种与砍伐时间的选择问题。制造高级竹纸，一般要选择竹肉部分较厚的竹子，同时对砍伐时间及竹材部位的选择也有讲究；而普通竹纸，特别是制造包装、祭祀用纸时，则没有太多的要求，甚至特意使用较为劣质的原料以降低成本。

"我们这一片啊，以前就叫水竹村。你看，山上山下、坡旁溪道、房前屋后、田间地头都长满了竹子，名字就是这么来的。"庄老伯十分健谈。

"我看那边还有条溪，看来是既有水，又有竹的意思。"

"就是这个理儿，那条溪叫白洋溪。"

砍竹 Cutting Bamboo

从凤凰山上往下看，远山近岑、村落农田尽收眼底。东眺钱塘，东坞山一带亦可览胜。山下有两个村落：东为观前村——"观"大概就是妙庭观的意思；东北为泗洲村，也就是老伯所说原名"水竹村"的这个村落。观前村除了民房就是农田，而泗洲村则有一座很大的造纸作坊。

"竹纸为竹所制，有竹有水，即可造纸。咱们这一带历来是水乡，竹嘛，房前屋后都有。造个竹纸，自然就水到渠成。"见年轻人这么感兴趣，庄老伯继续介绍。

制造竹纸的常用竹种，有毛竹、白夹竹、观音竹、苦竹、水竹、石竹等。富阳竹纸原料主要是石竹、毛竹。开始是用大量的石竹，后来石竹难以为继，毛竹起而代之。富阳毛竹原料充足，故长期以毛竹为原料。

"可以说，不论哪一类竹子都可以做成竹纸。就算是水竹，虽然只能做粗纸，但也有它的用武之地啊！细纸可以书写，粗纸可以做成纸扎，其实并没有贵贱之分。"

年轻人"脑回路清奇"，自言自语："都有用武之地……没有贵贱之分……这就好像孔夫子曾说的'有教无类'，不论哪一类人都应当受到教育。要因材造纸，也要因材施教。"

这位年轻人名叫杨简，字敬仲，慈溪人，是新上任的富阳主簿，此时不顾天气炎热，正来乡间走访。这位杨主簿作风务实，廉俭自持，出行连笋舆都没叫，便自己微服访问。

主簿是知县的佐官，掌监印、核验文书簿籍等事务。在与文

115

书打交道并实地走访的过程中，杨简发觉，富阳具备得天独厚的发展教育的条件。当地不仅产纸，也不缺墨。墨的主要原料是松烟，富阳地域多山地丘陵，松木漫山遍野，故墨也可就地取材加以制作。

杨简深知，人才离不开教育。"黑发不知勤学早，白首方悔读书迟。"作为地方官员，理应在教育上面做一些引导。宋代雕版印刷业、造纸业的发展，为教育制度的改变提供了必要的物质条件。有纸有墨，则可印书、写字，进而兴办学校、培养学生，未来可期啊！

故而，杨简兴致勃勃地向知县提议："我朝自仁宗皇帝起，州郡不置学者鲜矣。唐代施肩吾[1]曾就读于分水县东的庆云书院，与我县壤地相接。我县何不造一座这样的书院呢？"

知县则有些担忧："主簿所言有理，只可惜办学经费并无着落。"

"可将富阳出口之土产丝、茶、柴、炭、纸、箸等抽捐以资办学，或可以沙地租赁之银钱作书院之经费，或劝城乡殷富量力输捐。"

知县点头称是，此事却没了下文。

秋去春来，到了乾道八年（1172），新一科进士榜新鲜出炉，抚州金溪（今属江西）人陆九渊（字子静）榜上有名。陆九渊中进士归家经过富阳，杨简慕名邀其至寓所，交谈之间有相见恨晚之感，两人共同讲论半月。

就在陆九渊即将别去的前夕，杨简与陆九渊夜集于鹳山上的

---

[1] 今富阳人。

双明阁。陆九渊数度提及"本心"二字——他后来成为理学的"心学"创始人。杨简问："什么才是本心？"

"恻隐之心，仁之端也；羞恶之心，义之端也；辞让之心，礼之端也；是非之心，智之端也。"陆九渊以孟子的"四端"回答杨简，说"此即是本心"。

杨简摇摇头："你所讲的这些《孟子》里的话，我儿时便已知晓。然而，究竟什么才是本心？"

陆九渊只好重复前边的说法，如此几次，仍然无法解杨简之惑。

正讨论间，有一桩纠纷告到县衙，由杨简负责审理这个案子。原来是一件关于纸扇的诉讼。宋哲宗在位时，潞国公文彦博曾见他手持纸扇，遂率群臣称贺。[1] 这是因为就御扇来说，纸制扇面过于普通，皇帝用纸扇是不讲奢侈、俭以养德的表现。有了这样的表率，纸扇成了上自天子、下至庶民都会用到的纸制品。

杨简听完双方的理由后，片刻便断定了双方的曲直。案毕，他又问起陆九渊"什么才是本心"。

陆九渊因势利导，对杨简说："今天你听诉讼时，诉讼双方，必有一是一非。你当时见得孰是孰非，即决定为谁是谁非，这不是本心又是什么呢？"

杨简听后，感到豁然开朗，又急忙问道："仅仅如此吗？"

陆九渊厉声说："除此之外，还有什么？"

---

[1]〔宋〕朱弁《曲洧旧闻》："哲宗御讲筵，诵读毕赐坐，例赐扇。潞公见帝手中独用纸扇，率群臣降阶称贺。"

117

富阳的傍晚 Evening in Fuyang

杨简退下，拱坐达旦，终悟本心之旨，第二天天刚亮，就决定正式拜陆九渊为师。虽陆仅长他两岁，且比他晚一届登进士第，但杨简仍执弟子礼。陆九渊的"本心"学说以甬上四先生——杨简、袁燮、舒璘、沈焕为得其传，而杨简居其首。

在富阳任上，杨简知道，他的"本心"是兴师重教。他总是想起当初砍竹的老翁说的话，不论哪一类竹子都可以做成竹纸，就好像不论哪一类人都应当受到教育。任职期间，杨简兴学校、教生徒，富阳县学重新兴盛了起来，他还有建立书院和私塾的打算。然而，知县和他不是一条心，迟迟没有落实下去。不过，杨简也算是开当地文风之先河了。

北齐的颜之推说："夫学者犹种树也，春玩其华，秋登其实。讲论文章，春华也；修身利行，秋实也。"其意是说，学习就像种树，春天可以观赏花朵，秋天可以收获果实。谈论文章，加深体会，犹如观赏春花；修身养性，为人谋利益，如同收获秋实。杨简的开文风先河如同"春玩其华"，前人栽树后人乘凉，后继者们便得以"秋登其实"了。

十多年后，也就是淳熙十二年（1185），富阳知县糜师旦、主簿叶延年创立了书院。自此以后，富阳的书院像雨后春笋一般冒出来，较有名者有春江道院、富春书院、鳌峰书院、春江书院、龙山课院、三学院、东图书院、妙岩书院、灵峰精舍等。其中，三学院据说还有富阳三学院和新登三学院之分。同样在淳熙年间，县令沈耜与主簿徐自明创办了私塾，虽然规模很小，在乡间僻壤，但也足以启蒙蒙童。

　　从此，富阳文风益振。泗洲造纸作坊的工匠们将成件的竹纸一担一担地挑往周边，目的地除了寺观、书肆，又新增了富阳的书院和私塾。杨简当为此欣慰。

节　选 | 　　不论哪一类竹子都可以做成竹纸。就算是水

竹，虽然只能做粗纸，但也有它的用武之地啊！

　　Bamboo paper can be made from any kind of

bamboo.　Even water bamboo can only be made into

coarse paper, but also has its use!

四、范成大：寒冬腊月，夜宿妙庭观

（乾道壬辰十二月）二十八日，陆行发余杭……晚宿富阳县废寺中，即客馆也。二十九日晚，复登舟，大雪不可行。三十日，发富阳。雪满千山，江色沉碧，但小霁，风急寒甚，披使金时所作绵袍，戴毡帽，坐船头纵观，不胜清绝。剡溪夜泛景物，未必过此。

——〔宋〕范成大《骖鸾录》

公素以诗名一代，故落纸墨未及燥，士女万人，已更传诵，被之乐府弦歌，或题写素屏团扇，更相赠遗。

——〔宋〕陆游《渭南文集》

乾道七年（1171），宋孝宗任命张说为签书枢密院事，一时物议沸腾。这个张说与那个唐代宰相张说同名，他夫人是太上皇后吴氏的妹妹，所以他是太上皇赵构的连襟、宋孝宗名义上的"姨父"，

富阳冬 Winter in Fuyang

可谓正儿八经的皇亲国戚，但口碑历来很差，甚至差到"没朋友"。

在封建社会，皇帝金口玉言，说要提拔谁，臣下哪个敢不从？但还是碰到几个刺儿头：被任命为同知枢密院事的刘珙耻于与张说共事，拒绝赴任；左司员外郎张栻在经筵上，向孝宗直言极谏；中书舍人范成大扣留任命的诏书七日不下达，又上疏劝告。最终，此事不了了之。然而，持反对意见的大臣们多遭外调，其中范成大被调得最远——他以集英殿修撰出知静江府（今广西桂林）兼广西经略安抚使。

范成大深知，自己在表露真性情的同时，也终究得罪了权贵。可若让他坐视不管，以他的性格是做不到的。也罢，走就走呗，惹不起躲得起！乾道八年（1172）腊月七日，他从家乡吴郡（今江苏苏州）出发，南经湖州，到达余杭。

腊月二十八，范成大与送行的兄弟妹侄在余杭别过，走陆路前往富阳，晚上宿于富阳县客馆中——说是客馆，其实是一座废寺；二十九日晚登舟，计划由富春江溯江而上，经江西、湖南而至广西，但风雪阻舟，无法行进，不得不在富阳多滞留一晚。他特意循着苏轼、王十朋的足迹，选择住在凤凰山上的妙庭观。有诗为证：

宿妙庭观次东坡旧韵（二首）

其一

桂殿吹笙夜不归，苏仙诗板挂空悲。

世人舐鼎何须笑，犹胜先生梦石芝。

其二

升降三田自有丹，浪寻盘鼎斫仙坛。

扣门倦客惟思睡，容膝庵中一枕安。

所谓"次韵"，又叫"步韵"，是古体诗词写作的一种方式，指按照原诗的韵和用韵的次序来和诗。苏轼的原诗，以"归""悲""芝""丹""坛""安"作为韵脚，范成大的次韵诗也一模一样。此去岭南，范成大想起了苏轼的那首《定风波》："试问岭南应不好。却道。此心安处是吾乡。"虽遭远谪，但自己问心无愧，内心是安定的。

妙庭观中的玉笙庵设有纸阁^①，就像范成大赞美纸阁的诗写的那样，"席帘纸阁护香浓"。窗外的飞雪似漠漠梨花烂漫，纷纷柳絮飞残，琼瑶满地，庭院白皑。客房虽然狭小，却在风雪中给人以温暖，为范成大带来一夜好眠。

玉笙庵内北风呼呼地吹了一夜，一觉醒来便是除夕。初曙映窗，晨光透纸，雪渐渐止了，范成大命亲随整理行装，随时准备启程，自己则去山脚下走了走。他总是喜欢观察农村生活的各种细节，为此写了不少为人称道的田园诗，以诗自娱，借此蕴养自然恬淡的平和心性。

山脚下聚居着不少人家，一路上几乎不见路人，却又家家户户炊烟袅袅，估计是坐在温暖的屋里和亲友围炉畅叙，或者正在家准备年夜饭呢，由此更令游子生起思乡之意。走着走着，范成大来到一座规模很大的作坊，大概是除夕的缘故，也不见人影。只有一个守门的司阍，自称姓朱，见这个节点还有访客，把范成大从头到脚打量了一番，略感诧异。

范成大也不顾对方好奇的目光，张口便问："老丈，这儿怎么有这么大一个作坊啊？"

"是啊！官人来得不是时候，工人们都回家过年了。你要是过段时间来啊，保准能看见热火朝天的景象。"朱老翁按捺不住好奇

---

① 纸阁：用纸糊贴窗、壁的房屋。

心，问道，"这位官人，你是外地人吧，大过年的不回家吗？"

"我嘛，现在是人在旅途。这个除夕夜，我得在富春江的客船上度过喽。——对了，老丈，这个作坊这么大，是干什么的？"

"咳，造纸的呗！这造纸作坊啊，大多依山临水而建，要选有树林、青石、进水处，方可开设。有树则有柴，有石方可烧灰，有水方能浸料。如树少、水远，即难做纸。"

这个作坊三面环山，山上竹木茂盛，苍翠葱郁，显然不乏竹木。不远处的白洋溪源自天目山余脉，自西北蜿蜒而来，曲曲南流三十余里，自苋浦汇入富春江，水面开阔，利于航行，是富阳重要的交通水道。作坊南边还有一条东西向古河道，显然更方便取水。

春料工具 The Tool for Pounding the Material

范成大随意看了看，只见造纸工具和暂时停用的家什物件上，粘贴着一张张红纸条。朱老翁说："这些封条是年前停槽日剪好粘上的，来年用之，还要择日启封，拜祭一番。到了正月十五啊，还要抬着蔡伦画像，由族长带队到土地庙去拜神仙，顺便预卜当年的纸货行情。"

"这些民风民俗倒颇有意趣。"类似这样的风土人情，令喜写田园诗的范成大很感兴趣。

现场散落了不少石碓头、石臼等物件，有的已经残破不堪。朱老翁介绍，这是造纸过程中的"舂料"要用到的工具。用人力（脚碓）、水碓或石碾舂捣竹料，可使竹料中的纤维分散和绒化，最后交织成具有一定拉力的纸页。在富阳当地，以脚碓人工舂捣为多，两个身强力壮的人，站在碓车的一头奋力踩踏，石舂头就把放在石臼里的竹料捣成细绒状，而碓上之人早已挥汗如雨，气喘如牛。

"所以，就算是冬天，这些舂料的工人也热得穿不住衣服。你看看这些被捶打后的石碓头，就知道他们花了多大力气喽！"

滴水尚能穿石，更别说这样的大力舂捣了。范成大目光逡巡，见一面墙造型奇特，中间是空心的，一头的缺口处还留有灰烬，随口说："这堵墙壁好特别啊！"

"这不是普通的墙，我们当地人叫作'焗弄'，或者叫'火墙'，中空处可以生火，两面墙壁均会受热。抄纸师傅抄好的是湿纸，要把它烘干才行，就得用到这座火墙。"

"老丈，听您说起来头头是道，真是内行，想必自己也造过纸吧。"

"那可不是？现在我老了，不做这些了，我的儿孙接我的班喽。"

"子子孙孙无穷匮，这样传承下去，也是您家的独家绝技了。"

"哪里哪里！我们这儿家家都会一手。"朱老翁说到兴头，拿来一些作坊出产的纸给范成大看，一种谓之"元书纸"，润白柔韧，带点象牙黄色，微含竹子清香，据说落水易溶，久藏不蛀，不易变色。"元书纸中的精品啊，可是供宫廷御用的呢！"朱老翁颇为骄傲地说。

还有一种竹纸则略微粗糙。范成大一看，像是写军事信报用的纸。宋时写信报，大多用竹纸，如果是密报，还要用柔韧性差一些的粗竹纸，表面有竹筋、草屑。粗竹纸纸质脆弱，不堪折叠，如果被人打开过，就会留下痕迹。

徐梦莘撰写的宋代史学名著《三朝北盟会编》记载了宋徽宗赵佶、宋钦宗赵桓、宋高宗赵构三朝事件，其中就有关于竹纸用作战场信报的记载："刘延庆申二帅乞那回军马，二帅以小竹纸亲札报之曰：仰相度事势，若可以那回量可那回，不管有误军事。延庆得之，一夕，中军先自焚辎重，不告诸将而退，众军罔测，遂大溃。"无独有偶，在绍兴三十一年（1161）的宋金采石之战前夕，叶义问接到淮东总领朱夏卿的紧急军情手帖，也是用竹纸写的。

范成大毕竟还要赶路，逗留了不久便与朱老翁告辞。朱老翁热情地塞给他几沓元书纸，盛情难却。亲随早已打点好了行李，与范成大舍岸登舟。时天寒地冻，范成大戴上毡帽，又取出使金时制作的绵袍穿于身上，不禁回想起上次穿这件绵袍时的那段往事。

乾道六年（1170），范成大作为泛使出使金国，此行的任务是向金国索求北宋诸帝陵寝之地，并请更定受书之仪。当初的隆兴和议规定，金宋两国皇帝以叔侄相称，但没有议定接受国书的礼仪，若按叔侄礼仪，宋帝得站着接受金国的国书，天子威仪何在？皇帝自然想要改变。然而，范成大所奉的国书仅提及陵寝事，未写明受书事，范成大憨憨地以为孝宗忘了写，还特意提醒他。结果孝宗说，这事儿若白纸黑字写在国书上，怕惹恼金国，所以写不得，靠你私下去谈吧！

这不是坑人吗？难怪有许多大臣畏惧而不敢受命出使。在此情况下，范成大慨然而行。到燕山后，他首次呈进国书，言辞慷慨，金国君臣正认真倾听时，范成大忽然上奏道："两朝已经结为叔侄关系，而受书礼仪没有确定，我这里有奏章。"于是从怀中掏出自己草拟的奏章。

金世宗大吃一惊："这是谈判桌上的话题，你在这儿胡说什么呢？"范成大跪立不动，一定要把奏章送上。金朝群臣用笏板抽打范成大，要他起来，他却纹丝不动。不久，他回到住所，金世宗派伴使宣旨听候处理，范成大跪地坚持修改条款，金国朝臣议论纷纷，太子完颜允恭甚至想杀了范成大，经越王完颜永中阻止方才作罢。最终，范成大得以保全气节而归。

在历览富春山水风光的同时，范成大也为出使金国时刚正不阿、正气凛然而自傲。日昳时分，站在船头观赏沿江冬景，雪晴云淡，千岩一素，两岸青竹变琼枝，倍增清绝。范成大略作构思，一首七言绝句脱口而出："不到江湖恰五年，歙山青绕屋头边。富春渡口闲舒目，落日孤舟浪拍天。"

"好诗！我最喜欢'富春渡口闲舒目'这一句。"亲随问道，"范先生，这诗的题目是什么？"

"就叫《富阳》吧。——等等，'富春渡口闲舒目'这一句，似改为'富春渡口明人眼'更妥。"

"改了三个字，更妙了。先生说'不到江湖恰五年'，看来是从赴处州履新那年算起吧。"

"是啊！那是乾道三年十二月，我被朝廷起用，出知处州，亦是沿江南下。转眼间，五年过去了，这期间北抚幽燕，现在南宅交广，相去万里，我却还是我，不变初心。"

范成大与杨万里、陆游、尤袤合称南宋"中兴四大诗人"。巧的是，杨万里、

宋参知政事谥文穆范公成大

达於政体
使不辱命
晚峰石湖
怡神养性

范成大像 A Portrait of Fan Chengda

陆游均到过富阳并留有诗作。杨万里有《富阳登舟待潮回文》《晚憩富阳二首》《富阳晓望》等诗作，陆游有《泛富春江》等诗，范成大也不甘落后。路过富阳西南三十五里仪凤村（今场口）的宝林院时，范成大作《宝林院可赋轩》："十里山行杂市声，道傍无处濯尘缨。宝林寺里逢修竹，方有诗情约略生。"看来，富阳还真是竹乡，无论是水竹村还是宝林寺，竹子都随处可见，而恰是竹子激发着他的无限诗意。

　　南下途中，范成大一直在记日记。这回拿出朱老翁送的富阳纸，范成大题笔写下近几日的行程，只觉着墨不渗，颇与他纸不同，难怪朱老翁那样引以为傲。人生如逆旅，我亦是行人。东奔西走、南来北往的过客们，路过这里，又把这里的风物带向四面八方……

节　选

拿出朱老翁送的富阳纸，范成大题笔写下近几日的行程，只觉着墨不渗，颇与他纸不同，难怪朱老翁那样引以为傲。

Took out the Fuyang paper which gived by Zhu old man, Fan Chengda wrote down the itinerary of recent days, only felt ink infiltration, quite different from other paper. No wonder Zhu old man was so proud.

参考文献

1. 孔凡礼:《苏轼年谱（上）》，中华书局，1998年。

2. 王兴文:《王十朋系年要论与时事要录》，学习出版社，2013年。

3. 刘宗贤:《杨简与陆九渊》，《中国哲学史》1996年第4期。

4. 于北山:《范成大年谱》，上海古籍出版社，1987年。

5. 王小丁:《富春史话》，中国文史出版社，2017年。

6. 杭州市文物考古所、富阳市文化广电新闻出版局、富阳市文物馆编著:《富阳泗洲宋代造纸遗址》，文物出版社，2012年。

7. 陈刚:《中国手工竹纸制作技艺》，科学出版社，2014年。

8. 杨金东、方健:《富阳泗洲宋代造纸遗址的考古发现与研究》，载陈刚主编《守望竹纸——中国竹纸保护与发展研讨论文集》，浙江文艺出版社，2016年。

9. 夏斯斯:《纸里杭间》，杭州出版社，2021年。

第四章

十件元书考进士

——富阳进士与元书纸

元书纸

"京都状元富阳纸，十件元书考进士"，这是流传在富阳当地的一句俗语。据清光绪《富阳县志》和民国《新登县志》载，整个宋代，富阳（包括新城）一共出了60多位进士，这些进士们考取功名，元书纸记录下他们的付出与收获。与此同时，尤其到了南宋，富阳作为畿辅之地，其生产的元书纸在京师临安的纸铺中崭露头角。富阳所产元书纸，与许广渊、徐安国、李宗勉这些进士们，有着不解之缘……

YuanShu Paper

"Capital Number One Scholar with the Fuyang paper, use the Yuanshu paper to attend the imperial examination", this was a local saying which spread in Fuyang. According to *Fuyang County Records* published in Guangxu period of the Qing Dynasty and *Xindeng County Records* published in the Republic of China, there were more than 60 jinshi in Fuyang (including Xincheng) throughout the Song Dynasty. These Jinshi were awarded honors and their efforts and gains were recorded on Yuanshu paper. At the same time, especially in the Southern Song Dynasty, Yuanshu paper, produced in Fuyang, the environs of the capital city, came to the fore in the paper shop of the Capital Lin'an. Yuanshu paper produced in Fuyang has an indissoluble relationship with the scholars, such as Xu Guangyuan, Xu Anguo, Li Zongmian...

一、许广渊：乡贤带来的故纸情结

废宅百年后，荒基一亩平。

独怜新桧柏，谁识旧轩楹。

闾里清风在，溪山秀气明。

当时苦吟夜，应使鬼神惊。

——〔宋〕许广渊《罗隐宅》

嘉祐二年丁酉章衡榜……许广渊，新城人……

——〔清〕嵇曾筠《浙江通志》

　　荒烟蔓草、荆棘纵横之间，许广渊站在废弃多年的罗隐（字昭谏）旧居前，心潮澎湃：昭谏前辈啊！虽说你"十上不第"，而我一举中第，但不知，我能否像你这样赢得身后诗名？

　　嘉祐二年（1057）的春天，似乎比往年更明媚一些，至少在许广渊的眼里是如此。春风得意马蹄疾，这年三月五日，宋仁宗御崇政殿试礼部奏名进士,各科共录取 899 人,其中进士科 388 人。杭州新城人许广渊,号泽翁,即名列其中。

若以后人的视角来看,这次贡举可谓文星璀璨,北宋政治界、思想界、文学界的各种代表人物纷纷崭露头角。唐宋八大家中的宋六家齐聚京城,其中四大家与这次贡举直接有关:翰林学士欧阳修为贡举主考官,曾巩与苏轼、苏辙兄弟均于此科进士及第。另两大家也有间接关系,苏洵是为送二子应试入京,王安石在京任群牧判官,王安石变法的主要代表人物亦于此科进士及第。

故而,这一年的进士榜,堪称"千年第一进士榜"。章衡、章惇、王韶、吕惠卿、林希、张璪、曾布、曾巩、张载、吕大钧、程颢、朱光庭、苏轼、苏辙……与这些日后叱咤风云的人物同榜中进士,许广渊或许算不得璀璨文星中最亮的那一颗,但在家乡自是引起了不小的轰动,也算当地的"高考状元"了。

十年窗下无人问,一举成名天下知。新科进士回到家,乡邻们纷纷前来道贺,赶趟儿似的,一拨接着一拨。许广渊疲于应酬,便偷得浮生半日闲,以"踏青"的名义独自出游。来到罗隐宅前,他从怀中掏出一张写着字的纸,又拿出一个火折子。

所谓火折子,是用很粗糙的土纸卷成的紧密的纸卷,用火点燃后再把它吹灭;这时候虽然没有火苗,但能看到红色的亮点在隐隐地燃烧,就像灰烬中的余火,能保持很长时间不灭。对着火折子用嘴吹,或者快速甩——要吹或甩得有技巧才行,便能使其再次燃烧起来。

许广渊显然深谙吹火折子的门道，轻轻吹了几下，就让它蹿出了火焰。那张字纸上是许广渊凭吊罗隐的诗，被火焰点燃，随风而逝。许广渊相信，这样便可以把诗捎给魂归九原的罗隐，一如古人相信，燃犀可以"通灵"。

"天干物燥，小心火烛啊！"

循声而去，来者是许广渊的学弟万延之，字仲年，别号南溪。两人在罗隐宅前巧遇，待认出对方，免不了又是一阵寒暄。

"泽翁兄，你可是本朝以来我们这儿出的第一位进士，也是南新历史上第一位进士。"万延之的语气里饱含着羡慕。

许广渊中进士时，新城其实归属"南新县"，他后来写过一首名为《和徐令南新道中》的诗，描述家乡风物："峣岩通小径，湍水度危桥。茶女巾蒙髻，樵人斧插腰。鸠鸣春昼静，莺啭晓林娇。令尹求民瘼，行行听路谣。"自然美景和淳朴乡风可见一斑。

"欸，仲年谬赞啦！唐代以降，有吴降、袁不约等前辈高中进士，说起来也算南新人，我哪敢称第一呦！"

吴降和袁不约都是唐代新登人。北宋乾德五年（967），吴越王钱俶割临安县与富阳县相邻的一块土地（南新、宁善、新登、广陵、桐岘）置南新场，以便催科，至太平兴国六年（981）改为县，治所大致位于现在富阳区西北部的万市镇一带，熙宁五年（1072）废县为镇，该县存在了九十多年。所以万延之说得也没错，南新置县之后，许广渊确实是第一个中进士的。

"说起来，泽翁兄怎么想到来罗隐宅呢？"

"仲年又是为何而来？"

两人相视一笑。作为新城人，许广渊和万延之从小都是听着乡贤罗隐的故事长大的，罗隐宅是这方圆十里他们最常去的地方了。

"说实话，我也想来向泽翁兄讨教讨教经验，又担心叨扰府上，便一直未去，可巧今天在这儿碰见，您可要不吝赐教啊！"

"其实也没什么经验，真要说的话，那就是放松心态，举重若轻。想想罗昭谏，纵使'十上不第'又如何，天下谁不知他的诗才？有得必有失，有失必有得。百年之后，功名富贵皆是浮云。——对了，你看到刚才我烧的那张纸了吗？"

"当然，我不是叫仁兄小心火烛吗？"万延之又看了一眼，注意到那张纸烧完之后，只留下一条淡白色的痕迹，而并非像一般纸张燃尽后的灰黑色灰烬，这才发现它的与众不同，"神了！这纸的灰烬为何是白色的？"

"这是元书纸。我听做纸的匠人说过，因为原料用的是嫩毛竹，不掺任何杂质；但凡加了花里胡哨的东西，都会烧出黑色的灰。"

元书纸是当地学子都会用到的一种竹纸。关于此纸的得名，有种说法是，宋真宗时每年的"元祭"（上元正月十五，中元七月十五，下元十月十五）日，要选用一种纸来书写祭文。吏部臣子在杭州富阳找到了这种纸，将其当作"御用文书纸"，并在"元祭"与"书写"中各取一个字，命名为元书纸。这名推荐元书纸的吏部臣子，传说叫作"谢富春"。

纵览宋代，未见姓谢名（或字、号）"富春"的大臣，推测"富春"

是其籍贯,实际指谢姓的富春(阳)籍臣子。加上宋真宗时期这个限定,那原型大概是谢涛,谢涛在宋真宗天禧五年(1021)担任过"同判吏部流内铨";也有可能是谢绛,当时翰林学士杨亿举荐谢绛的文章,真宗召试,擢秘阁校理,判登闻鼓礼院、吏部南曹。这似乎又可以衍生出一个故事了。

"哦,元书纸啊……不就是我们平时写字的纸吗?原来还有这么多门道。"万延之原本并未留心这些司空见惯的纸张。

"其实,做学问,甚至做人,又何尝不该像元书纸这样,不要掺有太多的杂念。一有杂念,就变得不纯粹了。"许广渊有感而发。

"那就该两耳不闻窗外事,一心只读圣贤书。"

元书纸 Yuanshu Paper

"也未必。庄子说，道无所不在。类推之，读书也不能局限于纸面上，而要放眼天地间。除了'九经'、'十六史'、诸子著作、名家文集，亦不妨找到一个兴趣点，旁学杂收。我嘛，就是对与纸相关的信息特别感兴趣，无论是爬梳文献还是观察生活，总能得到乐趣，对于读书，也不觉得枯燥了。"

"泽翁兄为何对纸如此感兴趣呢？"

"这可说来话长喽。"

确实说来话长，其实也与罗隐有关。新城的故老相传，罗隐是"讨饭骨头圣旨口"，原本是玉皇大帝钦命的"真龙天子"。然而罗母沉不住气，常爱抱怨，如左邻右舍不肯借米、不愿借盐之类的小事，便恶言相向，云我儿子当了皇帝则会怎样怎样，期盼待到儿子出人头地，一泄内心之积怨，岂料泄露了天机。

玉皇大帝担心罗隐真的当上皇帝以后会睚眦必报、残杀无辜，便下令雷神将其脱胎换骨。一道电闪雷鸣之后，罗隐变成了一副讨饭骨头，除了一张嘴，因为情急之中咬住了其母的破衣襟，雷公嫌那破衣服脏，就避开了，没有换。从此，罗隐可谓命是贱命，口是金口。

许广渊所处的时代，距离罗隐已有约两百年，从"讨饭骨头圣旨口"又衍生出不少故事，其中就有"罗隐做纸"的传说。说是有一天，罗隐讨饭来到一个做纸的纸槽前，看见两个做纸的师傅正吃力地忙着一个抄纸，一个撒灰（炉柴灰）。

罗隐看了一会儿，随口说道："小小纸一槽，何用两人劳？"

做纸师傅听他说得轻巧，没好气地说："看人挑担不吃力，侬来试试看！"

罗隐笑笑说："这有何难？不过你们要让我吃饱肚皮。"

两个师傅一起说："好！"这时，正好东家送饭来，就邀罗隐一道用饭。

罗隐吃饱喝足，袖子一捋就干起来。他将纸浆在水里漾漾，在水里漂漂，然后一帘帘地压起来，根本用不着在一张一张的纸中间撒炉柴灰。东家主妇在一旁叫起来："这样哪里还牵得下来？"

罗隐不答话，却拿起刚才未啃完的羊腿继续啃光了，就用剩下的羊蹄在一块湿纸筒上刮了几下，纸就一张张牵下来了。

旁边几人一看，这方法果然既省力又管用。于是一传十，十传百，大家都仿照着做了，一直沿袭下来，只是后来牵纸的工具不再用羊蹄，而改用木头等代替了，

罗隐 Luo Yin

144

村民称之为"窝榔头"（又称"鹅榔头"）。

许广渊小时候见过乡邻晒纸（也称牵纸、烘纸），先用"鹅榔头"在纸筒上划几下，将湿纸划松，然后捻开一角，再用嘴吹气，顺势用手逐张撕起，用松毛刷贴于火墙上，干后揭下。传说归传说，真正看到与传说中相类似的造纸场景，许广渊感到颇为新奇，慢慢地，对纸产生了浓厚的兴趣。许广渊观察到的，乡邻们造的是"竹纸"，后来发展成"元书纸"。

与许广渊同榜中进士的苏轼认为："昔人以海苔为纸，今无复有；今人以竹为纸，亦古所无有也。"许广渊若是听到了这句话，定然会站出来与之辩论："子瞻同年，你这前半句我暂且不做评论，但至少后半句肯定说得不对！"

旁学杂收的许广渊知道，唐末冯贽《云仙散录》（后名《云仙杂记》）中有"洪儿纸"的记载，谓"姜澄十岁时，父苦无纸，澄乃烧糠、爁竹为之，以供父。澄小字洪儿，乡人号'洪儿纸'"，说的是唐代有个叫姜澄的十岁男孩，他的父亲没钱买纸，他就烧糠、爁竹做成纸，以供父亲使用。姜澄小字洪儿，所以这种纸被称为"洪儿纸"。看到"烧糠、爁竹"，许广渊的理解是，当时制竹纸需要加草木灰蒸煮，尚处于比较初级的阶段。宋朝以来，竹纸质量开始变好。

许广渊有《新城十咏》，除了罗隐宅，还写过崝山上的炼丹井和山边的葛溪，两者均因东晋的葛洪而得名。沿着葛溪徜徉，许广渊常见竹筏上装载着造纸原料，顺风顺水顺急流而下，撑筏之

富
春
宋
纸

人站立筏头，双目远视，凭水势流向，避漩涡、抢险滩、躲岩洞，左右导向着前行；或是手抓撑杆，任其急驰。葛洪在《抱朴子》中写道："逍遥竹素，寄情玄毫，守常待终，斯亦足矣。"许广渊相信，"竹素"便是"竹纸"之意。

"诸如剡溪藤纸，晋已有之，余杭则产由拳藤纸。富阳地域相邻，且富春江水通曹娥江上游的剡溪，如果说从晋代就开始造纸，也是顺理成章。那时造纸的原料可能用藤，而竹也在起步阶段。"在许广渊看来，竹素、洪儿纸、元书纸，大概都一脉相承。

听着这些内行话，万延之若有所思："仁兄说，要适当旁学杂收，

富春江 Fuchun River

146

但是又不要掺杂太多的杂念。这其中的平衡点，该如何把握呢？"

"这就要靠贤弟在实践中领悟了。"

学习，实践，领悟，时间倏忽而过。万延之感到，自己在这过程中不知不觉精进了不少。他不会知道，自己在日后被何薳写进了《春渚纪闻》，演绎出一个"瓦缶画冰"的故事；他也不会知道，明代的凌濛初在《二刻拍案惊奇》卷十九《田舍翁时时经理，牧童儿夜夜尊荣》中，以他为主人公。在这些故事中，他是"宣义郎万延之"，而之所以能走上仕途，还要从他中进士说起。

嘉祐二年（1057）进士榜中的章惇，其族侄章衡考中状元，章惇耻于居于章衡之下，拒不受敕，扔掉敕诰回家"复读"。嘉祐四年（1059），章惇再次参加科举考试，进士及第，名列一甲第五名。也在嘉祐四年，万延之以明经科选贡举，赐二甲进士出身。

此时此刻，新科进士万延之回想起前辈许广渊对他的点拨，倒是颇有点儿"只可意会，不可言传"的体会。

节　选 | 元书纸是当地学子都会用到的一种竹纸。

Yuanshu paper was a kind of bamboo paper used by local scholars.

二、徐安国：自备考试用纸，
惊呆书铺

书铺纳卷，铺例五千，自装界卷子与之，或只二千，无定价，过此无害也。

——〔元〕刘一清《钱塘遗事》

乾道二年丙戌萧国梁榜……徐安国，富阳人……

——〔清〕嵇曾筠《浙江通志》

是什么纸，比我们店里进的皮纸还要好？从业多年的尹掌柜一时看呆了。

南宋乾道二年（1166）是农历丙戌年，又到了省试开考的年份，寒窗苦读的学子在解试"过五关斩六将"之后，即将赶赴京师临安，参加下一场激烈的角逐。宋代进士科举常例是三年一科，逢辰、戌、丑、未年为正科，遇皇室庆典加恩科，一般安排在二三月进行，

149

因此又称"春试"。

这不，元宵节的花灯还没落下，临安府太庙前尹家书籍铺便忙碌了起来，尹掌柜正在教儿子小尹怎样应景地陈列书籍："春试就在眼前，咱们的陈列也要相应调整。除了经史典籍，还要把举子们有可能看的参考书放到显眼的位置上来。比如《广韵》《集韵》这种韵书，还有像《笔苑时文录》这样介绍写作技巧和答题格式的。"

"现在才摆出来，岂不是让他们临时抱佛脚？"小尹正在自家铺子里当学徒，总爱"打破砂锅璺到底"。

"话可不是这么说。或临时需要，或留待后用，或自己使用，或赠予他人，什么情况都有。"尹掌柜接着刚才的话题，"又比如梅圣俞的《续金针诗格》，虽不是为举子应试而作，但有助于把握写作格式和创作规律，也是应景的。"

听经验丰富的父亲说得头头是道，小尹似有所领悟，便从书架上取出《昭明文选》《欧阳文忠公集》等书拿到父亲面前："俗话说：'文选烂，秀才半。'又譬如名家文集，应该也是考生爱看的吧，可以放在显眼处。"

尹掌柜欣慰地点了点头，心想孺子可教也。就在此时，一个衣着贵气的年轻书生前来装订文书。只听得尹掌柜和书生交谈了几句，便问道："客官是自备纸呢，还是由小店提供啊？往届的好几位进士，用的就是我们铺子里供应的纸呢！"

"行，就用你们的纸吧！沾点运气。"

"好嘞，一共五千钱！"

元书纸 Yuanshu Paper

"再给我拿一卷杨大年①的《笔苑时文录》。"

"一卷书另收二百钱。另赠您《御试须知》一卷，预祝金榜题名！感谢惠顾，慢走！"

果然有"临时抱佛脚"的，小尹在惊叹之余又有点奇怪：店里不是卖书吗，怎么又卖纸了？

尹掌柜解释说，其实除了卖书，书铺还协助科举士子处理与考试相关的一些事宜。举子参加省试前，须向礼部贡院投递写有姓名、年甲、乡贯、三代、户主、举数、场第等信息的家状，解试中举的试卷，以及此次的考试用纸。书铺则要对上述各种文书的格式、内容进行审核，并装订呈送。如果从纸张的提供到投递

---

① 杨亿，字大年。

151

全权由书铺负责，需付五千钱；若自备纸张并自行装订，而仅由书铺负责家状的粘贴及试纸的呈送，则仅需两千钱左右。

"哦，这么说，考生还要自备考试用纸？"小尹感到很新奇。

"没错。我们书铺呢，就是按规定把家状粘合在试纸前，作为卷首，然后投递至礼部，由贡院官员在家状下沿和试纸接缝处用印。最好能吸引举子用我们供应的纸，这样在纸上还能赚一点抽头。"

"方才父亲说，往届的好几位进士，就是用的我们铺子里供应的纸，这是真的吗？您怎么知道来装订文书的人后来中了进士呢？"

"我不是会帮他们粘贴、装订家状吗？家状上不就有举子信息？放榜时看到名字，自然就有印象了。这有啥好奇怪的，多留心便是。"

"原来如此。"小尹恍然大悟。

"不过啊，有的书铺也忒不要脸了，乱往自己脸上贴金。有家书铺还说，绍兴二十七年丁丑科状元王十朋来装订时，用的便是他家的纸，这真是信口开河。像王十朋这样的寒门学子，一般是不愿多花这三千钱的。像刚才那位客官那样的毕竟是少数。"

南宋时，临安可谓印刷"硅谷"，刻书和出版业极其发达，市场繁荣，书铺林立。太庙前尹家书籍铺、大树下橘园亭文籍书房、众安桥南贾官人经书铺、清河坊北街赵宅书籍铺、棚前南钞库沈二郎经坊、棚前南街王念三郎家、中瓦子张官人诸史文籍铺、中瓦南街荣六郎书籍铺……就连纸铺、纸马铺也要来分一杯羹，譬如钱塘门里车桥南大街郭宅纸铺、猫儿桥河东岸开笺纸马铺钟家都兼营书业，也协助处理文书和公证等事务，竞争激烈。但对于"虚假宣传"，尹掌柜是十分不屑的。

过了小半日，又有一位来客前来装订文书，拿出家状便说："掌柜的，劳您看看，我这家状的内容、格式可有问题？"

尹掌柜瞥了一眼家状，上面写着"徐安国，号春渚，富阳人"等字样，没有什么大问题。他一边看，一边问道："客官是富阳人，'春渚'，想来是'富春江渚'的意思？"

这位叫徐安国的举子腼腆地笑了笑。尹掌柜刚想推销自己店里的纸张，却见来客又拿出已经装订好的考试用纸。尹掌柜心知是自备纸的，却还想做最后的"挣扎"："客官，如用小店提供的上好皮纸，另赠《御试须知》一卷哦，助您金榜题名！"

"多谢掌柜，不用啦！您看，我这纸也不赖吧。"

只见那纸呈淡米色，柔如绸，纸面毛绒，帘纹清晰，偶有竹香缱绻，清芬暗逸。久久凝视，恍觉纸间偶有婉约墨韵，倏尔消失，总之不似寻常。尹掌柜的好奇心被吊起来了："哎！我原以为我掌握了上好的供货渠道。以往我们店里进的都是皮纸之类，如果是客人自带的纸，品质往往要差一大截。可客官您这纸竟丝毫不输我们进的皮纸，不知是哪家店里买的？"

"这不是在京师买的，是我老家出产的元书纸。"

尹掌柜想起家状上的籍贯，便说："富阳竟产这样好的纸张？"

"这算我们家乡的特产。用元书纸写字作画，落墨不渗，黑白分明，有'白纸黑字，永不反悔'之典故。因此，在我们老家，书写契约、诉状，存档文书，都用元书纸。武坛练功，用元书纸作垫，任武士弹跳，纸不破碎。"看来，这纸还真是"全能型"选手。

"这倒是难得！元书纸也是皮纸吗？"

"据我所知，是竹子做的吧。"

"难怪有一股竹子清香。"

"质量好还是其次。我老家有句俗谚说：'京都状元富阳纸，十件元书考进士。'你瞧，京都的状元都会用我们的纸，来考进士的人，哪怕为了这个噱头，也都爱用元书纸了。"

"那不如把我们店里供应的纸都换成富阳元书纸，考生们一听这纸和'状元''进士'有关，自然愿意讨个好彩头。"小尹灵光乍现，觉得这句俗谚就是最好的广告语。

"你这主意好。"尹掌柜夸奖完儿子，又对徐安国说，"客官您这名字也好啊！隆兴元年癸未科进士有个叫龚安国的，字衡仲，号西窗，信州贵溪人，当时便来我们店装订的文书，还用了我们提供的纸。您看，您与上科进士同名，可不是个好兆头吗？这次必定郤诜高第、蟾宫折桂啊！"

"借您吉言！"

且说那徐安国付了两千钱，离开尹家书籍铺，去周边转悠一圈，看见有卖定胜糕的。定胜糕由香米和糯米粉制成，内有豆沙馅。相传，南宋定都临安后，岳飞为保护国土多次领军出征，杭州百姓沿途都会送上定胜糕，盼胜利归来。

举子吃定胜糕，也能讨个好彩头，徐安国于是买了一块尝尝。感觉入口清新，味道独特，便打算多买几块带给家人，反正距离春试还早，临安离富阳也不远，这期间他还打算回趟家。卖定胜糕的师傅好心提醒："客官，我这糕啊一定要趁热才好吃！如果是放几天再吃，总归失了原味。"

"没事，你就帮我装几块吧，我自有办法。"

徐安国所谓的"办法"，其实就是他的元书纸。原来，元书纸不仅书写吸墨，而且还能包装糕点，用其包装的食物能经久保持原质。徐安国家里，还曾用元书纸包茶叶，存入石灰缸，待到来年，色、香、味不退，仍似新茶。

尹家书籍铺后来有没有去进元书纸，我们就不知道了，但徐安国

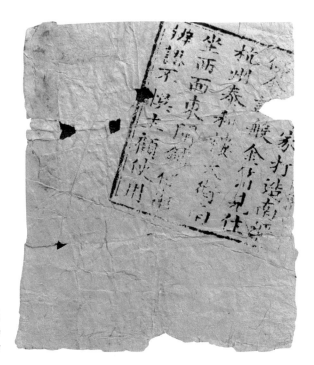

南宋包装纸
Packing Paper in the
Southern Song Dynasty

确实在乾道二年（1166）进士及第。当他在自备的考试用纸——元书纸上奋笔疾书的时候，想必也想起了应试前夕的一些往事吧，至少他也可能是路过泗洲造纸作坊的，还留下三首名为《妙庭观》的诗：

其一

玉笙声绝瑶池杳，桂殿风生几度寒。

空使时人慕鸡犬，扫除槃鼎舐遗丹。

其二

云軿不许折铛追，太白遗诗人亦疑。

千载何人为湔拂，谢家春草又生池。

其三

槐覆星坛惟旧迹，土埋丹鼎不知时。

刻舟何处长生路，回音海山空赋诗。

另一头，尹掌柜又添了一桩宣传的资本："乾道二年丙戌榜的进士徐安国，也来我们店里装订过文书呢！"

巧的是，比徐安国早一科中进士的那位龚安国，原本也姓徐。龚安国自幼是龚氏的养子，在将养父母养老送终后，有感于昔人"正本明宗"之意，年逾五十方归徐姓。所以，南宋历史上有两位徐安国，各位看官可要留心辨认了。

节　选

"质量好还是其次。我老家有句俗谚说：'京都状元富阳纸，十件元书考进士。'你瞧，京都的状元都会用我们的纸，来考进士的人，哪怕为了这个噱头，也都爱用元书纸了。"

"Good quality is secondary. There is a common saying in my hometown: 'Capital Number One Scholar with the Fuyang paper, use the Yuanshu paper to attend the imperial examination.' You see, the top scholar in capital uses our paper, and even for this good luck, all the candidates for the imperial examination like to use Yuanshu paper."

三、李宗勉：做纸还是读书？
选后者吧

富阳郑氏，李宗勉母夫人也。父行，坐事黥墨，流不复归。别以幼子不废家学为托。郑茶挦劬劳，自教养之。

——〔清〕汪文炳《光绪富阳县志》引〔清〕郭霄凤《江湖纪闻》

李宗勉，字强父，富阳人。开禧元年进士。……及拜左丞相兼枢密使，守法度，抑侥幸，不私亲党，召用老成，尤乐闻谠言。赵汝腾尝以宗勉为公清之相。

——〔元〕脱脱等《宋史·李宗勉传》

可怜天下父母心，对于李家的郑娘子来说，把儿子培养成有出息的人，就是她最大的心愿。

郑娘子出身于临安府富阳县的书香门第，知书达理，婉婉有仪，嫁到了同县门当户对的李家，她的丈夫叫作李行，两人婚后育有一子。李家家学渊源，传承累世，如果往上溯源，富阳李氏是西凉武昭王李晟之后，据说还是南唐后主李煜这一支的。

不过，南唐的开国皇帝李昪原名徐知诰（其养父名为徐温），后改姓李，有人说是归宗复姓，也有人说是为了攀附唐朝，总之莫衷一是。但不管怎么说，富阳李氏名人辈出，譬如李昭度、李勉、李轓等等。李行夫妇俩常常用祖上的事迹来勉励儿子，为其取名为"宗勉"。

可惜好景不长，李宗勉年幼的时候，李行犯了罪被流放至外地，从此与家人天各一方。临别之际，李行最放心不下的还是儿子，一把鼻涕一把泪地交代郑娘子说："咱们李家的家学可不能就这样荒废了啊，以后培养儿子的事情只有靠你了。"

丈夫被流放，儿子尚年幼，郑娘子感到天都要塌下来了。家庭的重担突然间落到她瘦弱的肩膀上，郑娘子为母则刚，艰难地支撑起这个家。家里穷得差点交不出束脩，但她深知"子不教，父之过"这个道理，而现在儿子父亲不在，就要由她来弥补家庭教育中失去的一环。郑娘子一面辛苦劳碌，在亲戚蔡家做点活计贴补家用，一面亲自充当儿子的家庭教师。

令郑娘子头疼的是，儿子正是叛逆的年纪，常常显露出厌学的情绪。每当郑娘子用富阳当地中进士的先贤事迹激励儿子，譬如谢氏的谢涛、谢绛、谢景初、谢景温、谢景平，以及李氏的李勉、李友谅、李友闻、李厚仁、李轓、李材、李侁、李用等，李宗勉总是不以为然，还口出"狂言"："不就是进士吗？有什么了不起的。"

"说得轻巧，你能考上吗？"

"这有何难。"

"你呀，真是眼高手低，不知天高地厚。"

"娘，总是这么钻故纸堆、寻章摘句，太无聊啦！下回你去蔡阿哥家的时候，把我一道带去玩玩嘛！"

"书还没念好，就想着玩了？"在教育儿子时，郑娘子总是不怒自威。

李宗勉无言以对，气鼓鼓的，心不在焉地读起书来。这样不用心地做事，效果可想而知。

见儿子在课业上一直没什么长进，这日郑娘子灵机一动，计上心来："你不是总喊着要跟我一道去你蔡阿哥家吗？过几天，蔡家那边又要忙起来了，为娘去帮忙的时候，你也一起去吧。"

"真让我去？太好了！"李宗勉喜出望外。

郑娘子言而有信，这次真的就带着儿子去了。蔡家是李家的亲戚，住在礼源溪上游的蔡家坞。时近小满节气，俗话说："小满小满，江河渐满。"此时雨水增多，富春江水位上涨，支流礼源溪一改往日潺湲，水声哗啦啦地作响，有如李宗勉的心情一样欢欣雀跃。

小满前后，漫山遍野的嫩竹开始分叉，放出"蜻蜓叶"，这时砍下的嫩竹，最适宜做元书纸：太早，含水量太高；晚了，纤维又太老。田间收割碰上削竹办料，忙上加忙，最缺人手。所以每年此时，郑娘子都要来蔡家小住一阵子，帮忙操持杂务，以往怕耽误儿子学习，都没让他来，这次算是破例。当然，郑娘子心中也是有着自己的盘算的。

蔡家有两个儿子，比李宗勉年纪稍长，他们三人小时候是很要好的玩伴。现在，李宗勉成为举业中人，蔡家二子则箕裘相继，都成了造纸匠人，俗称"纸农"。到了蔡家坞，李宗勉却多少有点失望。原本寻思来看个新奇，可村里的所有人却都忙得脚不沾地，没人搭理他，蔡家的两位阿哥更是不着家，连影子都没见到。

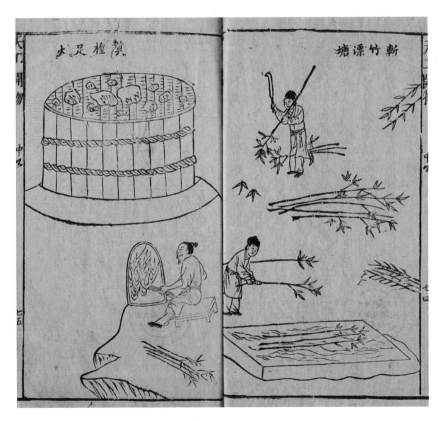

制纸过程（引自《天工开物》） Paper-making Processes (from *Heavenly Creations*)

"哎，无聊，两个阿哥也不陪我玩。"无所事事的李宗勉找到郑娘子抱怨了起来。

此时，郑娘子正帮着将竹料放入水中浸泡，一面劳作，一面说："你也帮着一起浸吧。瞧瞧，整个村子，就你一个闲人，不觉得脸红吗？"

每到青竹开斫，纸乡人家即使死了人也没工夫出丧，俗话说"爹死娘亡石灰封"，要忙到连孝义也不顾的。别说开槽值业的东家，就算是普通农户，也是男男女女、老老少少各干着一份轻重不等的活计，起早摸黑，连续奋战，如果有谁游手好闲，那真是异类了。

"水浸没意思，我想去看斫竹。"

"那你去帮帮你阿哥们的忙，有点眼力见儿，可别帮倒忙啊！"

李宗勉到了蔡家的那片竹山，果然见到两位阿哥，他们已经斫完了一片竹，正在放竹。将许多斫倒的青竹的竹梢扭结在一起，竹梢朝下，蔀头朝上，手拉住竹梢拖到小溪上，随手朝下一甩，这些青竹就顺着小溪上已搁置在那里的竹段，快速滑到山脚下溪滩边，纸农们就是用这个办法，让满山的青竹自动滑行下山的。然后，再用竹篾将四五株或六七株捆成一捆，用肩扛到预设好的削竹场。

溪边偶有若干根青竹在半路上掉队，李宗勉想去搭把手，把它们拖回来，蔡家大哥却说："没事！就让竹子搁在那儿吧。"

"可是，万一有其他人路过，把竹子拿走了怎么办？"

此时蔡家二哥笑道："不打紧。我们先下山吧。"

李宗勉跟着下了山，只见山坡边搭起了一个个作场，用竹木料支起棚子，上盖竹席，避雨又遮阳。在作场内进行砍青^①、削竹、敲白^②等工序。随后便是浸料，将斩断的竹料用竹篾缚成一捆一捆，一捆称为一页，再将一页一页竹料放入贮有清水的料塘浸泡。从斫竹直到完成堆蓬备用的竹料，统称为"削竹办料"。做元书纸的竹料办料过程是流水作业，环环相扣。纸农们当天上山砍的竹，必须当天放入料塘浸泡，怠慢不得。

蔡家坞田少山多，竹材和木材俯拾皆是，造纸作坊遍布其间，有大有小，男女老少均可参与其中，一家一户便能独立生产。当地乡风淳朴，在把砍伐后的竹子拖下山的路上，如果有一两根竹在半路上掉队，只要将竹子搁置路旁，哪怕后面还有数十人下山路过，也绝不会少一根，只等失主第二天带回。

李宗勉后来果然看到，那几根掉队的竹子"回家"了。等到蔡家人回来吃饭时，李宗勉把这像新鲜事一样讲给他们听。

"这有什么稀奇的。我们做纸，最讲究'诚信'二字。无论是原料还是纸，都是不设防的，堆在户外，从来不会无故丢失。这里有个不成文的规矩：谁不讲诚信，偷人家的料和纸，谁就三代不准开槽。举头三尺有神明嘛！"蔡家姆妈早就习以为常。

"砍竹的时候，也从来没有砍伐过界的情况。"蔡家大哥补充道。

---

① 砍青：也叫断料，即将新竹截断。
② 敲白：也叫拷白，指用锤子捶碎竹子的竹节（削去皮的竹子叫作"白料"），并将整个竹筒砸破。

这天吃饭时，蔡家二哥吃着吃着打起瞌睡，竟然在饭桌上睡着了。只有蔡家姆妈知道，他这是起早贪黑连轴转，疲劳过度。其辛苦可见一斑。李宗勉暗想，这做生活的勤奋程度，堪比读书时的悬梁刺股了。

就这样过了若干天，忙得差不多了，郑娘子母子也准备回自己家了。临走时，蔡家姆妈去拿了好些纸，朝李宗勉说："宗勉，你要听你母亲的话。这些年，你母亲既当爹又当妈，教养你不容易啊！这些元书纸你且拿去，肯定用得上。"

关于元书纸的得名，除了本章第一节提及的"谢富春荐纸"，还有一种说法是，宋室南渡后，杭州成为全国政治、经济、文化中心，用纸量急增。从外地调运纸张路途遥远，成本高昂，朝廷便将目光投向杭州近郊的富阳。该地出产一种原本用来起草文书、练习书法的竹纸，叫作原书纸，"原""元"同音，后被称为元书纸。

无论哪种说法，都表明元书纸是一种适宜书写的纸张，其纸呈米黄色，纤维结构松软，帘纹明显，吸墨较强。不过，想起父母教育说不要随便拿别人的东西，李宗勉连忙推辞。蔡家姆妈把纸塞给他，笑道："跟我客气什么？"

郑娘子也说："娘姨^①给你的，你就拿着吧。"

李宗勉这才谢过蔡家姆妈，拿着元书纸，和母亲一道回了家。

回到家中，郑娘子见儿子若有所思，便趁热打铁，故意问道：

---

① 娘姨：富阳方言，指姨妈。

"这几日如你所见，蔡家阿哥他们辛苦吗？"

李宗勉也不言语，这与他想象中的太不同了。原本以为，读书才是最辛苦的差事，可在两位阿哥面前，那所谓的辛苦根本不值一提。

除了削竹办料，蔡家的两个儿子也各有所长。蔡家大哥主要负责抄纸，十三四岁就进槽拜师学艺，抄纸时要求手腕柔软，双手夹住竹帘两端平衡荡漾，摇头自如，两眼环顾四周，运足一股气，一气呵成。每抄一张纸，都要仔细查看四周，绝不能将破纸或杂物刷放在纸桩上。

蔡家二哥偏重晒纸，也是十多岁进的焙弄（即烘纸房），湿纸进焙弄时，只能鼓足气而"一口吹开"，不能用手去摸。上焙时两手拎纸，一口气吹上焙，俗语叫"文练气功"。牵每一张纸都要全神贯注、小心翼翼，力求完整。为了掌握这些技能，他们不知下了多少功夫。

"这世上，没有任何事情是容易的。如果你不会抄纸、晒纸，那就去削竹、办料，如果也不会，就去砍柴、烧焙^①。在富阳纸乡，只要你勤快肯干，总归能找到一样你可以干的活。要是不愿干体力活，那就写完十捆元书纸，去考个进士。终究要选一条路，你选择哪条呢？"郑娘子循循善诱，语重心长。

"孟子曰：'劳心者治人，劳力者治于人。'我嘛，还是想做个'劳

---

① 烧焙：烘纸的焙弄。焙（bì）：用火烘干。

撩纸
Tuck up the Paper

灰水浆
Lime Paper Pulp

166

心者'。"

"这是你想做就能做的吗？之前你不是说，考进士如同探囊取物？人无信不立，纸农做纸尚且讲究诚信，你这样一个被儒家思想浸润的学子，难道不更该明白'言必诚信，行必忠正'的道理？"

"娘，我听说'十件元书考进士'，是不是写完十捆元书纸就可以考上进士了？"

"这话问的。譬如你去蔡家，只管走就是了，难道会去数走了多少步？你呀你，还是心志不专，心思总是没花在正道上。'十件元书考进士'只是勉励学子用功读书、专心作业，着意在'认真'二字。如果不用心，就算用完了十件元书纸，又有何用？如果真的用功，哪有工夫去数写了多少张纸？"

事非经过不知难，成如容易却艰辛。李宗勉看着那沓元书纸，脸红得像烧了起来。他暗暗下定了决心。

"有其言，无其行，君子耻之。"既然夸下海口说考进士"有何难"，那就不能出尔反尔，让人看笑话。李宗勉一扫往日的虚浮，真正地沉下心去熟读深思。学海无涯，唯勤是岸，自当博观约取，厚积薄发；哪怕已经掌握的知识，他以为是老熟人了，可每次再打照面，总会有新的惊喜。学而不思则罔，他不断在元书纸上记录下自己的心得体会，积小流以成江海，文章水平突飞猛进。

二月杏花八月桂，三更灯火五更鸡。多少个废寝忘食的日日夜夜，在书页之间、纸墨之上流淌而过。在一旁陪读的郑娘子见证了儿子的成长。

南宋开禧元年（1205），李宗勉赴临安应试。寒窗苦读十载后，他发觉，此时此刻，竟然不那么在意是否考取了。王荆公的一句话，恰好能描述他此时的心境："尽吾志也而不能至者，可以无悔矣。"回荡在他脑海中的，不仅是经纶要义，还有从小到大，长辈的言传身教，让他背的那些文章，和他说的先贤事迹。这些东西与他如影随形，是他人生阅历的基础，是他人生的基调和底色。

犹如瓜熟蒂落，在放松的心态下，李宗勉金榜题名。要问这位新科进士，是不是用掉了十捆元书纸，他还真的没在意呢。

节　选

"有其言，无其行，君子耻之。"既然夸下海口说考进士"有何难"，那就不能出尔反尔，让人看笑话。李宗勉一扫往日的虚浮，真正地沉下心去熟读深思。

"A gentleman is ashamed of his words with no deeds." Since had boasted that the imperial examination is "not difficult", he would not back and fill, making people laugh. Li Zongmian swept away the vanity and really settled down to read and think deeply.

参考文献

1. 曾枣庄：《文星璀璨——北宋嘉祐二年贡举考论》，复旦大学出版社，2010 年。

2. 周关祥编著：《富阳传统手工造纸》，内部资料，2010 年。

3. 林珊：《宋代的书铺与科举》，《文史知识》2009 年第 10 期。

4. 桑丽影：《试析宋代的科举参考书》，《黑龙江史志》2013 年第 19 期。

5. 贾露：《千年寿纸：从指尖到纸间的艺术》，《江南游报》2020 年 11 月 12 日。

6. 钟振振：《南宋文学家徐安国小传订补》，《南京师范大学文学院学报》2009 年第 1 期。

7. 崔玉婷：《宋理宗朝前期宰相李宗勉生平事迹再考》，《河北大学学报（哲学社会科学版）》2015 年第 6 期。

8. 李少军：《富阳纸农传承千载的诚信经》，《中国文化报》2016 年 3 月 25 日。

9. 夏斯斯：《纸里杭间》，杭州出版社，2021 年。

第五章

裁得富春江畔玉

——片纸非容易，措手七十二

竹衣素魄

文明史从漫长的"无纸时代"升级到"有纸时代",几乎所有的知识传播形式都产生了对纸的依赖。可是,看似日常的纸,却很少有人知道一张纸的生命历程:从林间的一棵树或地上的一丛草,到桌上的一页新纸,或者是一样纸的衍生品,其间有多少精巧的工序与神秘的故事?从斫竹开始到制成一张富阳元书纸,共七十多道工序。大源山区因此还流传着"片纸非容易,措手七十二"的谚语。古法竹纸制造流程、刻痕剪影的剪纸艺术、纸药的秘密……且看下文分解。

Bamboo Materials

The history of civilization has evolved from a long "paperless era" to a "paper era", and almost all forms of knowledge dissemination have came to rely on paper. However, few people know the life course of a piece of paper, which seems to be accustomed to, from a tree in the forest or a clump of grass on the ground to a new sheet of paper on the table, or a derivative of the paper. How many delicate processes and mysterious stories were there in the processes? Fuyang Yuanshu paper needs a total of more than 70 processes from bamboo materials. Dayuan Hill area therefore spread a proverb "Making a piece of paper is not easy, which needs seventy-two processes". The manufacturing process of ancient bamboo paper, the paper cutting art of carving silhouette, the secret of paper liquid... See the below artical.

一、李扶：仙霞岭南北的纸艺切磋

李扶字持国。松溪人。父怿，元丰中进士，官至朝奉郎。扶幼孤，事母孝。第进士，调永兴丞。适大冶为兵火所荡，郡守及诸司檄摄其事。扶至，招抚流散，安集田里，盗贼屏息，百姓晏然。秩满，改宣教郎，知富阳县。县当水陆之冲，治以平恕，民乐其政。

——〔明〕黄仲昭《八闽通志》

在富阳县东的富春江北岸，有座山一峰独峙，临江处有石矶，似鹳迎江而立，故名"鹳山"。鹳山脚下可谓富阳的"政治中心"，富阳县衙就坐落于此。唐咸通十年（869），县令赵讷始建县衙厅宇；北宋宣和年间毁于寇，县令刘举夔在原址重建。

铁打的县衙，流水的县官。南宋绍兴二十三年（1153），这座县衙迎来了它的新主人——到任伊始的富阳知县李扶。

李扶，字持国，福建路建州松溪人。其父李怿是宋神宗元丰

174

年间的进士，官至朝奉郎。李扶幼年丧父，与母亲相依为命，长大成人的他也很争气，于绍兴十五年（1145）考上了进士，授兴国军永兴丞，摄大冶县事，颇有一番作为。秩满之后，改宣教郎，知富阳县。

杭州升为临安府并成为都城后，辖领九县，其中钱塘、仁和为赤县，余杭、富阳、盐官、新城、临安、昌化、於潜为京畿县，^①各县的地位也水涨船高。作为天子脚下的近畿之地，又是富春江的水运枢纽，富阳可谓水陆要冲，舟车过往频繁。

县衙内，一名姓史的文书吏一边对着富阳舆图比画，一边向李扶介绍："我们富阳是'两山夹江'，知县您瞧：中间这斜贯的一江春水，便是富春江西入东出；上有天目山余脉绵亘西北，下有仙霞岭余脉蜿蜒东南……"

这名文书吏是富阳人，须发斑白，可谓当地的"活地图""活字典"，历任知县都时不时向他请教。他在刘举夔当富阳令时就在县衙供职了，是同僚中资历最老的。李扶初来乍到，对情况还不太熟悉，看着舆图询问史老吏："仙霞岭原来延伸至此？"

"没错。譬如本县境内的龙门山、安顶山，都属仙霞岭余脉。"

"这可太巧了。我老家松溪，便在仙霞岭南麓。"一条仙霞岭勾起了李扶的莼鲈之思，他想起自己的家乡——位于闽浙交界处，同样依山傍水、"百里松荫碧长溪"的建州松溪县，朝史老吏打趣说，

---

① 据《通典》，京都所治为赤县，京之旁县为畿县。

鹳山 Stork Hill

“我与足下不就是'我住霞岭南，君住霞岭北'吗？”

“看来，知县注定与富阳有缘啊！”

“你刚说'两山夹江'……”李扶忽而眉头微蹙，“如此说来，这里田地不多。村民们除了种地，必然还有别的活计吧？”

“如您所见，富阳是'八山半水分半田'，确实田地极少，有的村落没田没地，只有山。乡人们又大多安土重迁，很少背井离乡。不过，我们这儿山多，木也多，尤其是竹，自古便种植毛竹。故而，村民们靠山吃山，就地取材，造起了竹纸。”

这下，李扶发现了富阳和松溪的另一个关联点：两地都产竹纸。如果说在北宋，竹纸还如同苏易简记载的那样“随手便裂”，那么至南宋，竹纸质量则有了大幅度的提高。福建建州的印书用竹纸，产量多，成本低，行销热畅，书写上也大量使用质轻价廉的竹纸。

竹纸制造在整个江南都非常繁盛。可以说，竹纸的出现改变了南北造纸中心的格局。竹子多是南方产，所以北方的造纸中心便日渐衰落了。到了后来，包装纸之类的低档纸，北方本地还有生产，但好的纸都是从南方输入的。因而，北方一些卖纸笔的铺子都称作“南纸铺”，“南纸”便是响当当的招牌。

虽说富阳和松溪都产竹纸，但经过实地走访，李扶敏锐地观察到了两者的不同之处：在他的家乡福建，竹纸更多地用于印书；而在江浙一带，竹纸更多地作为书画用纸。他暗暗思忖：“想来，两地的造纸工艺也是各有特色的。如若把建州的造纸师傅请到富阳交流交流，两地取长补短，岂不美哉？”

说干就干，作风务实的李扶果然从老家请来了建州纸工。

这位建州纸工姓连，人称连师傅，从业多年，技艺精湛。这是连师傅第一次出远门，原本还有些不适应，但"三句话不离本行"的他一接触富阳当地的造纸业，立马就消弭了陌生感。史老吏充当"地陪"，全程做向导，带李扶和连师傅造访富阳的造纸作坊。

李扶为人好学，很想了解一下富阳竹纸的整个制作流程。史老吏从小就耳濡目染竹纸制作工艺，而且不知给多少到任或来访的官吏介绍过类似情况了，早已倒背如流，笑道："老话说：'片纸非容易，措手七十二。'细分下来可有七十二道工序呢！"

"愿闻其详——总不会三天三夜说不完吧？"

"这可说不准哦！"

"那就拣重要的说。"

史老吏驾轻就熟地介绍起来："做竹纸嘛，第一步自然是斫青，也就是砍竹。将砍下的竹子背到削竹场，截成长约六尺的竹筒。再把截好的竹筒放在事先搭好的竹架上，用半圆形的削刀削去竹皮，先削一半，再调头削另一半。削下的竹皮称皮青，又称黄料，可作为黄纸原料。削去青皮的竹筒称白坯，为元书纸原料。"

"这样削皮有点难削吧。如果是腌浸以后再削竹皮，岂不削得更容易？"连师傅问道。

"富阳做纸，都是先削再腌的，这对后面的工序比较有利。削完竹子，接着就是拷白，双手握住白竹筒的一头，将竹筒在斜置的长方形石块上摔打，让竹筒碎裂成片。还要在石桌或者石墩上，

179

用铁榔头将白竹片的竹节处敲碎。再把竹片砍成段,用竹篾扎成捆,一捆称一页。随后将一页一页的白坯放入料塘,让清水浸泡。"

"要浸多久?"李扶忍不住插话。

"如果是小满时削的白坯,浸五到八天就可以了。夏至后削的则要二三十天,甚至更长。也要视竹子种类而定,如果是石竹,浸料时间一般可以较毛竹短。"

李扶点点头,示意史老吏继续说下去。

"接着要把白料腌在石灰浆里,浆的浓度也视白料的老嫩而定,越老的越浓,黄料要更浓。再把浆好的白料竖着放在皮镬里,加水浸没竹料,日夜蒸煮,嫩者四五日,老者七八日。熄火后焖一天,第二天取出,随即浸入清水中。"

"什么是'皮镬'?"李扶问。

"就是蒸煮的锅子。"连师傅适时点评。

史老吏微微颔首,继续说:"煮料之后是翻滩,人站在水里,将浸清水之料页逐件旋转翻动。每天要翻一两次,翻后还要将料码竖在木凳上,用木勺盛水浇去里面的灰。"

"这是为了把石灰去干净。如若石灰去除不净,会影响纸张的品相。"连师傅补充道。

"没错。翻滩洗干净的白料要重新捆扎,放入尿桶。再就是堆蓬,即浸过尿的白料横放堆叠成蓬,堆腌发酵。然后是落塘,把堆过蓬的白料一页页竖放于料塘中,引入清水浸泡,也可以略浇清尿,为的是让它缓慢发酵。接下来就是舂捣了。"

"这'舂捣'可大有学问啊！"连师傅忍不住要自己介绍了，又不好喧宾夺主，忙把话头递给史老吏，"还是您先说说富阳的做法吧。"

所谓舂料，又叫踏料，其作用是使纤维进一步柔化并分散均匀，相当于今天打浆的功效。踏料是竹料基本办好备用、抄纸前的最后一道工序。传统的做法是将竹料放入石槽，石槽内刻有像搓衣板一样的棱纹，赤脚踩碎竹料，竹料被石槽的棱纹摩擦而纤维不断分散、细化和软化，一槽竹料差不多要踩踏一个时辰，这样的人力劳动十分辛苦。当然，这只是比较原始的踏料技术，后来都采用了脚碓或水碓舂料技术。

"把舂好的竹料放入纸槽，用木耙掏搅，使之在水中分解均匀，成为浆液。做纸师傅即可用竹帘捞起浆液，利用熟练的手中技巧，将多余浆液晃出纸帘，帘上留下一层薄薄且均匀的浆液，这就是一张纸，这道工序就叫'抄纸'，也是最关键的一道工序。纸槽中的竹料会慢慢下沉，因此抄纸师傅在捞了若干张后，需用木耙搅动几下，让沉淀的竹料渐渐上升，保持浆液的均匀。如此不断反复，湿纸就一张一张增加，叠在一起，成为湿纸块，经过压榨，榨干水分，再到焙弄的烘墙上烘干，就成了可用的纸张。"史老吏将二人引至石板（也有用木板的）制成的纸槽前。

见纸槽中都是水，李扶问："这水多久换一次？"

"夏天大约半个月换一次，冬天大约一个月吧。也不完全根据时间，主要根据水质，如果纸浆变质粘在纸槽壁上，就要换水和清洗纸槽了。抄纸时，双手端起抄纸帘，舀起纸浆，前后左右晃动，向前倒出多余纸浆，再将纸帘上的湿纸转移到纸床上。随后就是榨纸。"

"就是压榨湿纸块，要用到木榨。"连师傅见史老吏说得比较专业，特意作了进一步解释，"然而即便用木榨把湿纸块榨干，但纸里还含有一定的水分，需要拿到焙弄，把纸一张张揭开，贴到烘墙上烘干。

"能不能直接用火烤干？"李扶不免外行人说外行话。

"那可不行！"史老吏和连师傅异口同声地说。

"知县请看，这堵墙很特别吧——这叫焙墙。墙后面有口，口里有炉，往里面添加柴火，就能使墙壁生热，把纸贴在墙上，就能烘干。正所谓'欲速则不达'，如果干燥得快了，纸张的张力就大，比较硬，不是那么柔和了。"

连师傅与史老吏一唱一和："不错。故而李知县说用火烤，那绝对是不行的，哪怕把纸放在铁板上烘干也不行，一定要用焙墙。"

李扶见那堵焙墙挺破的，伸手摸了摸，却很光滑。据说墙面是用鸡蛋清和着石灰糊上去的，表面还要经常涂桐油保持光滑。

史老吏拿起一把鹅榔头，接着刚才的话头："将半干的纸块放到有一定斜度的纸架上，用鹅榔头在表面划几下，用手指捻开纸的一角，吹一口气，左右手的拇指、食指和中指各捏住纸张上方两只角，慢慢揭起整张湿纸，贴到烘墙上，顺手用夹在右手指缝间的松毛刷快速刷几下，湿纸就平服地粘贴在烘墙上，须臾时间，即揭下成为一张烘干且平整的纸。最后整理一下，剔除破损，按规定张数叠成一刀一刀，整个流程就完成了。"

细细听完富阳竹纸的整个工序，李扶自我消化了一下，又问连师傅："怎样，与建州工艺有何不同？"

"大同小异，不外乎砍竹、浸泡、蒸煮、舂捣、抄纸、压榨、烘干等等。不过，每道工序又各有讲究。"连师傅毕竟是经验丰富的老匠人，一眼就看出了端倪，"刚才我便说，光是'舂捣'这个环节就大有学问。出于不同的需要，应该舂捣至不同的程度。如果是书画用纸，就不能舂得太烂，否则，纸结得紧紧的，写的时候就不吸墨了。"

"哦？这关键竟在于'舂捣'？"小小一道环节，竟成了四两拨千斤的关键。

"昔日米南宫曾说，'福州纸……入水亦不透'。此言得之。福建一带所做的竹纸，是舂捣得比较烂的，据我这段时间观察，不如富阳竹纸吸墨。而富阳竹纸若想做得好，便可在'舂捣'之上做文章。"连师傅引经据典,说起米芾在《十纸说》(又名《评纸帖》)里写道："福州纸浆硾亦能岁久。余往见杭州俞氏张长史恶札，'禅师不合为婚主'者是也。入水亦不透。"福州纸只适合印书，若用来书写的话——米芾打了个通俗的比方——好比和尚不适合当主婚人。

连师傅在富阳期间，指导纸工将当地的竹纸舂捣至恰到好处的程度,改进了当地竹纸的高端品种——元书纸的制作工艺。从此,元书纸变得更加适宜书写，吸墨性更强。后来，福建还产生了名为"熟料法"的生产竹纸的制浆技术，所谓"熟料法"，就是先将竹料制成竹丝再制浆。用此法生产的连史纸，洁白无瑕，质优品佳。而这两地的文化交流，早在李扶任富阳知县时就已经产生了。

节　选

虽说富阳和松溪都产竹纸，但经过实地走访，李扶敏锐地观察到了两者的不同之处：在他的家乡福建，竹纸更多地用于印书；而在江浙一带，竹纸更多地作为书画用纸。

Although bamboo paper was produced in both Fuyang and Songxi, Li Fu observed keenly the differences between the two after his visit. In his hometown Fujian, bamboo paper was more used for printing books, but in Jiangsu and Zhejiang areas, bamboo paper was more used as painting and calligraphy paper.

二、蔡闰：一纸花钿，半生情缘

邑有官妓曰蔡闰，为文清所盼，每欲与之脱籍而未能。一日，酒边曰："此妓某未尘忝时，已见其在籍中矣。"意欲言其系籍已久矣。先子因顾蔡曰："汝入籍几何时？今几岁矣？"蔡不悟，直述所以。考之则李公登科之岁，此妓方生十年耳。李不觉面发赤，以为先子有意于相窘，其实出于无心也，于是衔之。

——〔宋〕周密《癸辛杂识》

淳化三年，京师里巷妇人竞剪黑光纸团靥，又装镂鱼鳃中骨，号"鱼媚子"以饰面。

——〔元〕脱脱等《宋史·五行志》

嚓嚓嚓——

一名身穿月白色长襦、妆发素雅的女子拿着尖头剪刀，飞快地在彩纸上剪出一个个小人的形状。她从中挑了一个剪得最惟妙

186

惟肖的，戴在自己的云鬟上作为头饰，又把剩下的小纸人儿贴在纸屏风上，一上午都在捣鼓这些个彩纸，乐此不疲。

这是宋理宗绍定年间的一个正月初七。传说女娲初创世，在造出了鸡、狗、猪、羊、牛、马等动物后，于第七天造出了人，所以古人把正月初七视为人类的生日，称之为"人日"，又称"人胜节"。这日有个习俗，就是要戴"人胜"——剪成人形的彩胜（即小纸幡），用作装饰之物，不仅戴在头上，而且还贴在屏风上。

唐宋以来，"木为骨兮纸为面"的纸屏风成了广泛应用的生活设施。白居易写过《素屏谣》，"素屏"即白纸屏风。纸屏风由数层纸裱糊成厚纸板制成，不但成本低廉，大多数人都消费得起，并且便于制作，轻巧灵活，破了之后也容易修补。整屏皆白未免单调，贴上彩纸剪成的图案，就显得别出心裁了。

剪纸的这女子名叫蔡闰，是临安府富阳县的一名歌妓。她的身世向来是个谜，只知道生于宋宁宗庆元二年（1196）的闰日，大概就因此得名。有人说，她原是官宦人家的千金，被抄家后堕入风尘；也有人说，她是穷人家的女儿，自小就沦入乐籍。作为隶属教坊的官妓，她没有人身自由，不能外住，这些年来，只与身边的顾嬷嬷接触最多。

"瞧瞧你，都多大了，怎么还像小孩儿似的？"见蔡闰一直在剪人形图案，顾嬷嬷语含嗔怪。

富春宋纸

"镂金作胜传荆俗，剪彩为人起晋风。"①蔡闰信口吟哦起李商隐的《人日即事》，又被诗的下一联牵动了愁绪，"想起那薛道衡说'人春才七日，离家已二年'，我却不知离家多少年了……"

宋代以文官治天下，为了迎合文官们的喜好，官妓们不单有姿色，而且都会诗书琴画，蔡闰就是一名能诗能文的才女。除了善于讴唱，她还心灵手巧，一把剪刀到了她的手上简直出神入化，能把纸变出各种花样来，过年的春幡和窗花、元宵节的走马灯轮轴上的剪纸便是她剪出来的，清明时还做过纸梳、纸篦、纸簪、纸刷、纸刀之类的祭祀纸扎，均用细密的刀法剪出，形貌逼真，样式简单而工艺精致。

蔡闰没有父母，顾嬷嬷没有子女，两人互为依靠，情状有如母女，就这样相伴走过了许多年。这一年，蔡闰已经三十好几、行将"奔四"了，放在古代可谓"徐娘半老"的年纪，纵使金声玉韵、蕙心兰质，可朱颜辞镜终是无奈。她望着菱花镜中的自己出了好一会儿神，又看着满桌剪剩的彩纸，怅然若失。

正巧时近晌午，要用饭了。午饭原本都是随便吃一点，但过年期间的伙食比较好，中午也有鱼吃。蔡闰心不在焉地扒拉了几口，忽而灵机一动，把一块吃剩的鱼鳃骨擦拭干净，收了起来。

"说你像小孩儿，还真是没冤枉你。这鱼骨头是什么稀罕玩意

---

① 当时人们相信人死时魂魄也会跟着离开，于是用剪纸招魂的方法招回死者的魂灵，这种巫术源于荆楚之地。晋代每年正月有剪彩为燕状，置之檐楹，以代贴"宜春"之字的风俗。故而李商隐有此诗句。

188

儿，你留它作甚？"一道用饭的顾嬷嬷不明就里。

"留着自有用处。太小、太大的都不行，只有这中等的才合适。对了，我还需要金箔、茶油、鱼鳞。至于纸嘛，就用刚才剩下的那些好了。"

顾嬷嬷寻思：蔡闰这是要干什么呢？

用饭毕，只见蔡闰坐到桌前，又捣鼓起那堆彩纸来。留下这鱼鳃骨，自然不是无缘无故的。人日喜春，正是"烟添柳色看犹浅，鸟踏梅花落已频"。蔡闰想起曾读过唐代韩鄂的《岁华纪丽》，对其中记载的"梅花妆"印象深刻：

武帝女寿阳公主，人日卧于含章檐下，梅花落公主额上，成五出之花，拂之不去，皇后留之，自后有梅花妆是也。

南朝宋武帝的女儿寿阳公主，在人日这一天躺卧在含章殿的屋檐下小憩。梅花落在公主的额头上，留下了五个花瓣的印子，拂拭不去，却更显娇柔妩媚。皇后见了很喜欢，特意让寿阳公主保留这个妆面，自此便有了"梅花妆"。时人纷纷效仿，剪梅花或梅花等形状的饰物贴于额头，谓之"花钿"。因为这朵小小的梅花，寿阳公主成了正月里梅花的花神，也成了花钿的首创者之一。

花钿原本是用金翠珠宝制成的。宋太宗淳化年间，京师开封的里巷妇人用金箔、纸、鱼鳃骨、鱼鳞、茶油等制成花钿，用以粘贴饰面，号"鱼媚子"。南渡之后，这一风俗自然而然地传到了临安，也传到了富阳。富阳是产纸地，材料易得，佐以鱼鳃骨等材料，做出纸质花钿也不是什么稀奇事。

在蔡闰精巧的手艺之下，纸质的鱼媚子很快便制成了。她拂掠新妆，巧梳云髻，戴金凤钗头，以鱼媚子饰面，又穿上绣有折枝花纹的藕色复襦，一番打扮之后别有风韵。顾嬷嬷见蔡闰这样整饰装束，知道她必然是准备去见意中人了。

蔡闰有一个两情相悦的恩客，名叫李宗勉，字强父，宋宁宗开禧元年（1205）进士，原任直秘阁，也是富阳人，这段时间短暂赋闲在家乡。李宗勉后来官至左相，身居台辅而家类贫士，时人誉之为"公清之相"，谥曰"文清"。而这位公清宰相曾经拜倒在蔡闰的石榴裙下，足见其魅力。

宋理宗尊崇理学，凭借皇权把理学确立为统治思想。随着理学的兴起，南宋重男女大防，对于官员狎妓有所限制，规定官妓只能为官员提供歌舞和陪酒这类活动，不能有"越界"之举，违者要受到各种处分。当然，这种规定执行起来有一定难度，因为私下里的交易很难被发现。

官场中人与风月女子，本是社会地位悬殊的两种人，却常常能产生交集，留下一段段风流韵事。北宋元祐年间，时任杭州法曹参军的毛滂与歌妓琼芳相恋。待到毛滂秩满离杭，琼芳与之依依惜别，一送再送，直送至距杭州百里之遥的富阳。毛滂作《惜分飞·富阳僧舍作别语赠妓琼芳》，感慨"今夜山深处，断魂分付潮回去"。若干年后，毛滂再次路过富阳，触景生情，作《菩萨蛮·富阳道中》，曰"春潮曾送离魂去，春山曾见伤离处"，与旧作相呼应。

就像琼芳遇到毛滂那样，蔡闰对李宗勉一往情深。好在这种深情是双向的，李宗勉也早有为蔡闰脱籍之意，还其自由身，因为如果籍隶乐户，则不得与民籍为婚，两人就无法有进一步的发展。蔡闰不愿像金丝雀那样被圈养起来，而是像当年的周韶那样向往从良。她多么想与意中人组建家庭，即便以她的出身只能成为一名侍妾，也心满意足。她既然是富阳县的官妓，脱籍之事就得富阳县令首肯才行①，旁人只能起到敲边鼓的作用。

这时的富阳县令周晋，字明叔，号啸斋，是个行事谨慎、恪尽职守之人。这晚，李宗勉与周晋一道喝酒，特意带上了蔡闰。李宗勉见到蔡闰，只觉其玉貌绛唇，皓齿冰肤，在鱼媚子的装饰下更加楚楚动人，发髻上还戴着人胜，俏皮可爱，一时竟看呆了。

"这饰品好看，以前没见你戴过。"李宗勉回过神来说。

"不过是两片纸罢了。"蔡闰不动声色，淡淡地回应，心里却乐开了花。这鱼媚子和人胜，不就是为了李宗勉而戴的吗？女为悦己者容，她只为自己喜欢的人去花这些小心思。纸能传情，赵象与步非烟以金凤笺、剡溪玉叶纸题诗相赠答，而这一纸花钿，更是不著一字，尽得风流。

"劝君莫惜金缕衣，劝君须惜少年时。花开堪折直须折，莫待无花空折枝。……"言为心声。蔡闰轻拢慢捻，唱起《金缕衣》。

---

① 事实上，宋代官妓脱籍之事的管辖权不在县里而在州府，周密的记载或有缺失。

李宗勉和周晋都沉浸在这柔润清圆的歌声之中。

酒过三巡，李宗勉向周晋旁敲侧击："昔日东坡路过润州，润州太守许仲涂为之设宴接风，召女校书郑容、高莹作陪。两位女校书求东坡向太守讲情，让她们落籍从良。东坡作'减兰'，以'郑容落籍、高莹从良'为句首，终助二人脱籍。"李宗勉雅称官妓为"女校书"，是借用了薛涛的典故。

"李直秘，我知道了，你这是想效仿坡公，也作一首词来助兴吧？"周晋一时也不好答应，特意顾左右而言他。

李宗勉又绕着弯子说："我无坡公之才，不过周县令却可以成人之美。这个小蔡呀，我还没有考中进士的时候，就看到她已经在册了，这都过去多少年啦！"

李宗勉的言外之意就是，蔡闰在册时间已经很长了，可以考虑还她自由身了。周晋自然听出了这层意思，再转移话题也不太好，故而问蔡闰："你什么时候入的籍，今年几岁了？"

蔡闰心思单纯，如实向周县令汇报："奴家生于先帝继位后不久，是庆元二年。"

"咦，不对呀！"周晋一盘算，满腹狐疑，"李直秘是开禧元年中的进士吧？这样算来，那年小蔡才十岁，还没到入籍的年龄。直秘怎么说，你还没考上进士时，小蔡就已经在册了呢？怕是记错了吧！"

从乐籍上除名，需要官府的文书同意。事实上，周晋这样较真，也是出于谨慎行事，履行好县令的职责，否则轻易让小蔡脱了籍，那怎么面对小章、小王的要求呢？李宗勉却认为周晋有意为难他，脸上红一阵白一阵的，于是不欢而散。

蔡闰脱籍的事情，终究不了了之。

如同当初毛滂和琼芳的恋情无疾而终，李宗勉和蔡闰的故事也没有下文。失了盼头的蔡闰回到房中，懊恼地把那人胜和鱼媚子丢在梳妆台上，望着纸屏风发呆。元宵节快到了，她原本准备了新曲子，那便是《青玉案·元夕》，"众里寻他千百度。蓦然回首，那人却在，灯火阑珊处"，这是辛弃疾在临安所作的词。可是，她再也不想唱了。

早已做好的走马灯挂在房间里，变幻出不同的剪纸形状。原本幻想着与他在"月上柳梢头"的元夕"人约黄昏后"，拿着自制的走马灯，去看玉壶光转、火树银花，原本所有的灯都为那个人而亮，这一刻，她眼里的光却黯淡了下来。

从此，顾嬷嬷再也没见过蔡闰戴花钿了。

富春宋纸

节　选 | 　　女为悦己者容，她只为自己喜欢的人去花这
些小心思。

　　A gril will doll herself up for him who loves her;
she only pays attention to the person she likes.

三、周密："纸药"的秘密，
从富阳县衙到癸辛街

先君子于绍定四年辛卯，出宰富春，九月到任。……壬辰岁，余实生于县斋。

——〔宋〕周密《癸辛杂识》

周密，字公谨，其先济南人，后徙吴兴。密学问渊雅……宋亡，寓杭州，居癸辛街杨沂中之瞰碧园。

——柯劭忞《新元史·周密传》

南宋绍定五年（1232），富阳县衙内，县令周晋的夫人章氏诞下了一名男婴，取名"周密"。蹒跚学步、牙牙学语，幼年的周密喝富春江水长大，最爱听父母讲严光归隐的故事。在江边打水漂，在山野捉迷藏，在这片山川秀美的土地上，他度过了人生最初的时光。

周家祖籍济南，祖上南渡后居于吴兴。离开富阳后，周密又随父游历四地。父亲周晋儒雅博学，总是善于在所见所闻中提炼出哲理，融入对儿子的谆谆教诲之中。比如有一次，周密在读《文选五臣注》^①，读至宋玉的《登徒子好色赋》：

东家之子，增之一分则太长，减之一分则太短，着粉则太白，施朱则太赤。

周晋便讲解道："这位邻家的美人，美就美在，无论身材还是肤色，都生得恰到好处。实则，说话、做事也要恰如其分。你小时候在富阳，为父见过当地人造纸，有一面火墙，在墙外烧火，在墙内把湿纸烘干。他们烘纸也是一样：火太大，纸张发脆；火太小，纸又烘不干。正所谓'过犹不及'，道理都相通，只是怎么掌握这个分寸，就看你自己的造化了。"

母亲章氏是参知政事章良能之女，出身世家，通诗书，性节俭^②，婚后相夫教子，可谓贤妻良母。周密是家中独子，母亲对他倾注了全部的心血，总是诲而不倦，同样善于从小事例讲大道理。有一次，周密读唐诗时翻到了这样一句：

莫惊反掌字，当取葛洪规。

---

① 杭州开笺纸马铺钟家刊印。
② 周密在《癸辛杂识》中说母族"虽世家五马，而清贫自若"。

周密不解地问：“娘，什么是‘反掌字’？”

章氏解释：“这是唐朝宰相李峤的咏纸诗。这个典故是说，晋时葛洪在纸张两面皆写有字，以惜纸。早先你读过‘谁知盘中餐，粒粒皆辛苦’，实则不止粮食，丝线、纸张皆来之不易，应取用有度。成由勤俭破由奢，我儿当记取之。”

虽说养成了节约用纸的习惯，但周密发现，哪怕是两面都写上字的没用的旧纸，母亲也舍不得扔，而是整整齐齐地叠好、归于一处，隔一段时间就有人来收。后来才知道，旧纸可回巢重造——后世叫作“还魂纸”。早在宋初，便有废纸造纸技术。南宋时，官署还把落榜举人的考卷纸和茶叶的包装纸掺入新纸浆中抄造成纸，印制会子①。

周晋有着典型的文人雅士的生活方式，任职衢州时，与同僚杨伯嵓等“载酒论文，清弹豪吹，笔研琴尊”，十分潇洒。此后，周杨两家结为儿女亲家。杨伯嵓的曾祖父是南宋初年名将杨存中（本名沂中），逝后追封“和王”。周密与杨氏女成婚，并以门荫入仕，陆续当过一些小官。

但世道并不太平，南宋德祐二年（1276），元军占领临安城。随着陆秀夫背负八岁的宋末帝在厓山蹈海，南宋王朝彻底覆灭。元初，临安府改称杭州路。周密在吴兴的家宅为兵燹所毁，遂举家迁至妻子的娘家杭州，先后住在洪福桥的杨府、西湖边的杨氏

---

① 〔元〕马端临《文献通考》：“隆兴元年……及下江西、湖南漕司根刷举人落卷，及已毁抹茶引故纸，应副抄造会子。”

烘纸 Drying the Paper

整理纸张 Finishing the Paper

别墅，以及癸辛街的瞰碧园。

某日，周密经过浙西肃政廉访司治所，此地原为南宋太学。太学的西边是国子监故地，设有印书工场，并有贮藏书版、书籍的书版库。宋亡学废，而书版犹在，物是人非，令曾是太学生的周密唏嘘不已。故国情貌历历在目，周密有一种冲动，想为这逝去的王朝记录些什么。

周密字公谨，和那位千古风流人物周瑜（字公瑾）同姓又听起来"同字"——虽然"怀瑾握瑜"的"瑾"和"谨慎细密"的"谨"是两个写法不同的字，但读音相同，有一种谐音的效果。他们还同样精通音律，友人常用形容周瑜的那句话调侃他："'曲有误，周郎顾'，信有之也。"

父亲那"笔研琴尊"的生活方式深深地影响了周密，在杭州，他不时邀请当时的名流文士聚于一堂，吟咏唱和，挥毫泼墨。周密还时刻铭记"敬惜字纸"，每次雅集过后，他都会像母亲当年那样，把大家用过的废纸整理收拾好。

每逢改朝换代，都会掀起一股有关"气节"问题的思辨。周密的朋友圈中，也不乏就此发表观点者。

有人说："伯夷、叔齐不食周粟，成千古美谈。文天祥舍生取义，'留取丹心照汗青'，必将彪炳史册。然赵孟頫堂堂宋室后裔，竟望风归附，委贽事元。叶李一度隐居，却仍为功名利禄所动；不若朱清，始终不可夺其隐者之志也！"

也有人说："倘使贤才俊彦皆贪恋泉石之娱，恐负苍生之望。

若朱清果有经天纬地之才，何妨幡然改辙、大展经纶？试问：倘若诸葛孔明终其一生高卧隆中，又怎会名垂宇宙？有德者遁迹山林，不啻为无德者让位，奸佞当道，岂非家国之不幸？"

还有人说："人各有志，志各不同。严光万古清风在，朱清心追桃源，无可指摘。而叶李在宋不过一介太学生，报国无门，入元则居馆阁中秘，为官清正，亦不可一味贬低。"

大伙儿每每把话题引至朱清和叶李孰是孰非上来。为何这二人总被拿来比较呢？原来，他俩就好比汉末的管宁和华歆、魏晋的嵇康和山涛一样，曾经是一对密友，却最终"道不同，不相为谋"。

朱清与叶李都是南宋末年的富阳人，同入太学读书，遂成莫逆之交。在叶李因反对投降派被流放时，唯有朱清挺身送行。及至宋亡，二人皆隐居乡里。此后，元廷访求南宋遗臣，叶李被举荐出仕，官至尚书右丞。今非昔比的叶李劝朱清仕元，后又以君命征召。而朱清以严子陵自况，终不应召。

此时，叶李已是元廷的中枢要员，请免儒户徭役、立太学，劝阻徙江南宋宗室、大姓北去，多被采纳。虽说他作出不少实绩，可在南宋遗老的眼里，背宋降元，便是失节。对于大家的争论，周密附和几句，并未明确表态。不过，在分韵时，他提议用朱清的那句诗：

严陵矶下桐江水，流到东山一色清。

桐江是富春江桐庐段的别称。朱清是朱熹的后裔，居于毗邻桐庐的富阳仪凤都（今杭州市富阳区场口镇），当地有一座东山。朱清说，严子陵钓台下的富春江水，流到东山还是那样清澈，他愿像严子陵那样归隐富春山，绝意于仕途。

这句诗表明了朱清的志向，其实也表达了周密的立场。入元之后，新朝罗致人才，对于是官是隐，周密未尝没有纠结过。从小受严陵高风熏陶的周密何尝没有箕山之志，同时希望自己的才能有一个用武之地。能不能在"隐于市"的同时做一些"显于世"的事情？

场口 Changkou

周密对自身有清晰的认知。入仕则势必沉于下僚，为俗务所累；无官却一身轻松，另有一番广阔的天地。当年在国子监故地产生的冲动，令他找到了后半生的人生目标。周密还记得求学之时，老师总说："不动笔墨不读书。"

故国、故地，不就是一部他读了大半生的书吗？这部书，就算读千遍也不会厌倦，他愿用余生去为之作注，为之疏解。父亲曾说，凡事要学会把握分寸，在出世入世之间，周密终于拿捏住了自己的分寸——不做"有为"的叶李，也不是"无为"的朱清，而是当一个文字记录者，为那逝去的王朝记录些什么。

锋镝余生，老之将至，富贵于我如浮云。

入元不仕的周密笔耕不辍，致力于搜集故国文献，辑录家乘旧闻，著有史料性笔记《武林旧事》《齐东野语》《癸辛杂识》，文艺性笔记《浩然斋雅谈》《志雅堂杂钞》《云烟过眼录》《澄怀录》等。其史料性笔记内容庞博芜杂，涉及人物传记、典章制度、都城胜迹、艺文书画、医药历法、风土人情、自然科学等，价值尤高。

其中，《癸辛杂识》因撰于杭州癸辛街而得名。周密或许没有想到，书中有一条几十字的史料，无意中填补了造纸技术史上的空白，这便是该书收录的"撩纸"条目。

所谓"撩纸"，即"抄纸"，是把纸槽中悬浮的纸浆荡进抄纸帘内，滤去水分形成湿纸帖，再将湿纸帖烘干。在此过程中，为了使纸张表面光滑，往往要兑入一道配方，叫作"纸药"。《癸辛杂识》记载：

凡撩纸，必用黄蜀葵梗叶新捣，方可以撩，无则占粘不可以揭。如无黄葵，则用杨桃藤、槿叶、野蒲萄皆可，但取其不粘也。

其意是说，凡抄纸时，必须用黄蜀葵梗叶捣成的汁液，而且要新制成的方可用。如果没有黄蜀葵，则用杨桃藤、槿叶、野葡萄的汁液皆可，但取其不粘纸之性。

这段文字是关于"纸药"最早的文献记载。由周密的记载可知，至迟在宋代，造纸匠人便用黄蜀葵，或杨桃藤、槿叶、野葡萄，捣烂后形成植物黏液——后人称之为纸药（或滑水）——泡入纸槽，抄出来的湿纸不易粘连，便于烘干后再一层层揭开。

纸药大有讲究，例如它一般在冬天泡制，不仅是因为夏季天热容易变质，还是因为这些植物原料在低温下性能最好。杨桃藤在冬季茎中富含滑汁，采集季节宜在秋天至次年春天，黄蜀葵根也是喜寒忌热的。由于纸药的供应时间，宋时以寒冬所抄的纸质量最佳。

曾经有一段时期，纸药的使用是一项机密，因为它对造纸效率影响很大。唐代造纸技术外传后，西亚、欧洲的手工造纸者始终不知道使用纸药，只能每张湿纸页用毯隔开或者各自烘干，效率很低。

那么，周密又是从哪里获知这条信息的呢？是他在杭州的亲见亲闻，还是父亲所述的富阳造纸见闻，抑或是其他途径？

实际上，周密的这条信息大概并非源自富阳，因为不同于其他手工造纸片区，富阳在抄制竹纸时一般不加入纸药，这在中国用抄纸法成纸的地区几乎是独一无二的。不过，也有用猕猴桃、木槿叶、滑叶果作为纸药的情况，尤其是使用滑叶果的果实加水与石灰浆烧煮后，捞出舂击，做成圆球储藏在水中，这种制作纸药的方法较为特别。

周密曾经路过的国子监故地，后被辟为"西湖书院"，补刊和保存了南宋灭亡后的大量监本。就像周密撰写的那些史料笔记一样，补史实、史传之阙，对保存宋代杭州风情及文艺、社会等史料贡献很大。这条"纸药"的记录，让周密和苏易简、张咏一样，也创造了一项"世界纪录"。他和纸的缘分，或许在冥冥之中，从他出生在富阳县衙那一刻起，便已注定了吧!

节　选

所谓"撩纸"，即"抄纸"，是把纸槽中悬浮的纸浆荡进抄纸帘内，滤去水分形成湿纸帖，再将湿纸帖烘干。

The so-called "Tucking up the Paper", namely "Papermaking", is to swing the suspended pulp from the paper trough into the paper copying curtain, filter the water to form the wet paper, and then dry the wet paper.

富春宋纸

参考文献

1. 朱赟、汤雨眉：《今日一品 ｜ 纸缘富阳：片片竹片香，页页纸乡情》，"品牌杭州"微信公众号，2021 年 12 月 13 日。

2. 陆春祥：《癸辛街旧事》，《北京文学（精彩阅读）》2020 年第 10 期。

3. 刘静：《周密研究》，人民出版社，2012 年。

4. 陈燮君主编：《纸》，北京大学出版社，2012 年。

5. 陈燮君主编：《纸向何方——上海博物馆"纸文化"系列讲座文集》，北京大学出版社，2014 年。

6. 李少军：《富阳竹纸》，中国科学技术出版社，2010 年。

7. 夏斯斯：《纸里杭间》，杭州出版社，2021 年。

尾　声

2016年,迄今发现的唯一一件"唐宋八大家"之一曾巩(1019—1083)的传世墨迹《局事帖》①创造了中国书法拍卖的纪录之一——2.07亿元,而让这件作品有幸留存至今的,便是竹纸。真的有一张纸可以存续千年而不变质吗?

其实,除了《局事帖》之外,还有不少历经千百年的竹纸实物存世:故宫博物院所藏米芾的《珊瑚帖》,宋摹王羲之《雨后帖》、王献之《中秋帖》,北京图书馆藏元祐五年(1090)福州刻本《鼓山大藏》中《菩萨璎珞经》,日本宫内厅所藏刊于宣和七年(1125)福州开元寺的宋版《一切经·大方广佛华严经第六》、南宋刻本《新编四六必用方舆胜览》(1239年刊)、刊于南宋宝祐年间的《天台陈先生类编花果卉木全芳备祖》……

---

① 也有研究者认为这并非曾巩手迹。

207

早在宋代，就有人发出了"纸寿千年"的感慨。

宋理宗绍定六年（1233），临安府於潜县人洪咨夔，收到好友毛璪（字君玉）寄来的《西岳降猎图》。此图又名《西岳降灵图》，传为北宋画家李公麟（字伯时，号龙眠居士）所作。李公麟一生勤奋，作画无数，尤擅画人物鞍马及历史故事。《西岳降猎图》描绘的是道教中五岳山神之一"西岳大帝"下巡，据说也可能是皇家大人物及其眷属出行的真实场景，展现了画家不俗的画功。

见到这幅画，洪咨夔叹为观止，写了一篇题跋，把画上的场景用文字描述了出来，并且发了一通感慨：

君玉以《官车》《游猎》图二寄示，共七纸，帐箭前驱，嫔御纷从，来舆去马，蹴踏云气。其精妙瑰怪，纵横变化，出入天神，叹非龙眠莫能作，而不能名之。转似（示）都官隆山李成之，曰："《西岳降猎图》也。吾家绢本得之康节邵公济家，人物部分与此无一不合，独第七节前多马上美人四。"因合二图为一，次第其先后以复，得非两家所藏同出一时之笔，纸其创，绢其成软？绢寿止五百年，纸寿千年，君玉倒黄河以洗研，挹玉井以濡翰，醉揽风露，吸金天之晶而赋之，必有与此画相为寿者。绍定癸巳秋日洪某书。

洪咨夔见到了两卷几乎一致的《西岳降猎图》，他认为纸本在前，绢本在后。他在题跋中说，"绢寿止五百年，纸寿千年"，"必有与此画相为寿者"。以现代的眼光来看，用古法做出来的纸，更能体现墨的厚重、笔触的灵动,而且纸的"玉化"会让纸像陈酒一样,越放越白,存放条件得当的话,的确可以储存千百年。

以草木为源的轻柔纸张,成为保存文化、传播文明的重要载体,也为印刷术的发明提供了物质基础。一张小小的纸,承载着无尽的时间和空间,凝聚着匠人们的汗水和心血。在杭州,在富阳,纸也被打上了这方水土独特的烙印。谁知文字贵,先赖纸工良。这里的匠人们沿袭传统工艺,并将其打磨得更为精巧细致。

富阳不仅产竹纸,还以竹纸闻名。从一根青竹到一张白纸,中间要经历大大小小七十二道工序,每一道工序都要遵循春秋时令,顺应万物自然。如今,在富阳湖源乡的新二村、新三村,大源镇的大同村,灵桥镇的蔡家坞村等地,仍有采用传统方法制造竹纸的作坊。精益求精的工匠精神,注入了富阳人的文化基因里。与此同时,大机器时代的隆隆轰鸣带来了生产力的突飞猛进,而传统手工艺由于流程繁复、耗时耗力、利润微薄等原因,正日渐式微,亟待被记录,被传播,被知晓,被传承。

近年来,各级政府把传统手工艺列入非物质文化遗产保护名录,并开始规划保护。2006 年,竹纸制作技艺被纳入首批国家级非物质文化遗产代表性项目名录,代表地为杭州市富阳区与四川省夹江县。有不少富阳竹纸制作技艺传承人活跃在当下:庄富泉,朱中华,李文德,蔡玉华……

千百年来,有多少富阳人的祖祖辈辈都与造纸息息相关。我们不妨做一个设想:这些造纸传承人的祖上,会不会就是本书中

尾声

和杨简唠嗑的庄老伯，与范成大对话的朱老翁，迎接王十朋的李师傅，以及苏轼在富阳的向导老蔡？

在千年的历史进程中，纸承载了人类的知识、经验与情感。岁月不居，时节如流，纸张则犹如历史的皮肤，印下了流年的痕迹。它们从中古时代走来，穿越宋元的风云和明清的烟月，与生活在当下的你我打了个照面；捕捉它们的身影，将其定格，便会输出一帧帧剪影，幻化成本书的一页页文字。纸短情长，它们的故事还有很多。

纸间有生活，纸上见人生。